解 读 地 球 密 码

丛书主编　孔庆友

岩浆喷发
火山

Volcano
The Eruption of Magma

本书主编　赵　琳　王元波

山东科学技术出版社

·济南·

图书在版编目（CIP）数据

　　岩浆喷发——火山 / 赵琳，王元波主编 . -- 济南：山东科学技术出版社，2016.6（2023.4重印）

　　（解读地球密码）

　　ISBN 978-7-5331-8345-5

　　Ⅰ．①岩…　Ⅱ．①赵…　②王…　Ⅲ．①火山—普及读物　Ⅳ．① P317-49

中国版本图书馆 CIP 数据核字（2016）第 141389 号

丛书主编　孔庆友

本书主编　赵　琳　王元波

岩浆喷发——火山
YANJIANG PENFA——HUOSHAN

责任编辑：梁天宏　魏海增　宋丽群

装帧设计：魏　然

主管单位：山东出版传媒股份有限公司

出 版 者：山东科学技术出版社
　　　　　地址：济南市市中区舜耕路 517 号
　　　　　邮编：250003　电话：（0531）82098088
　　　　　网址：www.lkj.com.cn
　　　　　电子邮件：sdkj@sdcbcm.com

发 行 者：山东科学技术出版社
　　　　　地址：济南市市中区舜耕路 517 号
　　　　　邮编：250003　电话：（0531）82098067

印 刷 者：三河市嵩川印刷有限公司
　　　　　地址：三河市杨庄镇肖庄子
　　　　　邮编：065200　电话：（0316）3650395

规格：16 开（185 mm×240 mm）

印张：8.5　字数：153 千

版次：2016 年 6 月第 1 版　印次：2023 年 4 月第 4 次印刷

定价：38.00 元

审图号：GS（2017）1091 号

普及地质科学知识
提高民族科学素质

李廷栋

2016年元月

传播地学知识，弘扬科学精神，
践行绿色发展观，为建设
美好地球村而努力。

瞿裕生
2015年10月

贺　词

　　自然资源、自然环境、自然灾害，这些人类面临的重大课题都与地学密切相关，山东同仁编著的《解读地球密码》科普丛书以地学原理和地质事实科学、真实、通俗地回答了公众关心的问题。相信其出版对于普及地学知识，提高全民科学素质，具有重大意义，并将促进我国地学科普事业的发展。

国土资源部总工程师　王　孝　鸣

　　编辑出版《解读地球密码》科普丛书，举行业之力，集众家之言，解地球之理，展齐鲁之貌，结地学之果，蔚为大观，实为壮举，必将广布社会，流传长远。人类只有一个地球，只有认识地球、热爱地球，才能保护地球、珍惜地球，使人地合一、时空长存、宇宙永昌、乾坤安宁。

山东省国土资源厅副厅长　王桂鹏

编著者寄语

★ 地学是关于地球科学的学问。它是数、理、化、天、地、生、农、工、医九大学科之一，既是一门基础科学，也是一门应用科学。

★ 地球是我们的生存之地、衣食之源。地学与人类的生产生活和经济社会可持续发展紧密相连。

★ 以地学理论说清道理，以地质现象揭秘释惑，以地学领域广采博引，是本丛书最大的特色。

★ 普及地球科学知识，提高全民科学素质，突出科学性、知识性和趣味性，是编著者的应尽责任和共同愿望。

★ 本丛书参考了大量资料和网络信息，得到了诸作者、有关网站和单位的热情帮助和鼎力支持，在此一并表示由衷谢意！

科学指导

李廷栋 中国科学院院士、著名地质学家
翟裕生 中国科学院院士、著名矿床学家

编著委员会

主　　任	刘俭朴　李　琥
副 主 任	张庆坤　王桂鹏　徐军祥　刘祥元　武旭仁　屈绍东
	刘兴旺　杜长征　侯成桥　臧桂茂　刘圣刚　孟祥军
主　　编	孔庆友
副 主 编	张天祯　方宝明　于学峰　张鲁府　常允新　刘书才
编　　委	（以姓氏笔画为序）

卫　伟　王　经　王世进　王光信　王来明　王怀洪
王学尧　王德敬　方　明　方庆海　左晓敏　石业迎
冯克印　邢　锋　邢俊昊　曲延波　吕大炜　吕晓亮
朱友强　刘小琼　刘凤臣　刘洪亮　刘海泉　刘继太
刘瑞华　孙　斌　杜圣贤　李　壮　李大鹏　李玉章
李金镇　李香臣　李勇普　杨丽芝　吴国栋　宋志勇
宋明春　宋香锁　宋晓媚　张　峰　张　震　张永伟
张作金　张春池　张增奇　陈　军　陈　诚　陈国栋
范士彦　郑福华　赵　琳　赵书泉　郝兴中　郝言平
胡　戈　胡智勇　侯明兰　姜文娟　祝德成　姚春梅
贺　敬　徐　品　高树学　高善坤　郭加朋　郭宝奎
梁吉坡　董　强　韩代成　颜景生　潘拥军　戴广凯

编辑统筹 宋晓媚　左晓敏

目 录
CONTENTS

火山概念初读

Part 2 火山喷发扫描

火山喷发的条件/18

岩浆中的气体和水分，是火山喷发的重要动力。岩浆在地壳中流动，冲击力越来越强。大量岩浆顺着冲开的出路上涌，在特殊的情况下才会冲出地面。

火山喷发的前兆/20

火山喷发前兆是指预示火山将要喷发的自然现象，它是火山喷发前高热的岩浆在地下大量聚集所引起的，如地温升高、喷气孔活动加强、火山脉动加强、频发地震、地磁场发生特殊的变化、喷出的气体中硫质增多等。

火山喷发的过程/22

不论火山以何种类型喷发，它总有一个固定的喷发过程。火山喷发的过程可分为三个阶段：气体的爆炸、喷发柱的形成和喷发柱的塌落。

火山喷发的类型/24

决定火山喷发类型的因素是岩浆的成分、挥发分含量、温度和黏度。具有代表性的火山喷发类型主要有：玄武岩泛流喷发、夏威夷式喷发、斯特隆博利式喷发、武尔卡诺式喷发、培雷式喷发、普林尼式喷发、超武尔卡诺式喷发、苏特赛式喷发等。

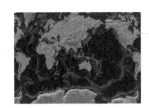

山东火山/67

山东曾是火山活动频繁地区，尤其是中生代时期，火山活动频繁，现在能够找到的中生代古火山群落有20多个。每当地下的压力增大时，岩浆便会顺着郯庐断裂带向地面喷涌而出，形成一系列火山和地震。

 Part 4 火山景观览胜

火山机构景观/84

典型的火山是由火山锥、火山口、火山颈和岩穿等构成。很多出露地表的火山机构都成为著名的旅游景观。

火山熔岩景观/89

熔岩像一条火龙在大地上奔流，越过平地、爬上山冈、切断河流，在大地上形成了千姿百态、变化万千的地貌形态。由于熔岩流所含的物质成分不同、流速不同，形成了不同的熔岩地貌。

火山湖景观/96

火山口内积水形成火山口湖，低平火山口内积水形成玛珥湖，火山熔岩流堵截山谷、河谷或河床后储水形成堰塞湖。火山、熔岩和湖泊融为一体，相互辉映，湖光山色，美不胜收。

火山岛景观/101

火山岛是由火山喷发物堆积而成的。火山岛按其属性分为两种，一种是大洋火山岛，另一种是大陆架或大陆坡海域的火山岛。

中国火山地质公园/103

　　作为地壳运动中最直观的地质现象，火山活动造就了大量的火山地质遗迹，火山地质公园就是以火山地质遗迹为主体，融其他自然景观和人文景观于一体的旅游胜地、科普公园。

Part 5 火山利弊纵横

火山灾害/108

　　近400年来全球的火山活动已夺去近27万人的生命，造成巨大的经济损失。火山灾害在主要自然灾害中被列为第六位。火山爆发，掩埋了庞贝城，毁灭了圣多里尼岛，也使阿特兰蒂斯的消失成为千古之谜。

火山资源/114

　　火山给人类创造的资源非常丰富。火山地区有可观的地热资源、独特的自然景观、丰富的矿藏和肥沃的土壤。这些资源都可以用来为人类造福。

参考文献 /122

地学知识窗

Part 1 火山概念初读

纵观历史，几乎所有的人都将火山视为神或者其他超自然力。被火山袭击后的城市景象，让我们充分认识了地球深处的力量量级和破坏能力。只有了解了火山的基本概念，才能明白这种力量从哪里来，能否控制它，进而利用它。

什么是火山

火山争议

很久以前，人们对火山的认识纯粹是感性的，火山最初被叫作"武尔卡"，包含有"山在燃烧"的意思。它的名字起源于罗马神话中的火神武尔卡，他生活在意大利武尔卡岛上的一座大山里，山顶上浓烟弥漫，火花在浓烟中闪耀，发出雷鸣般的响声，从很远的地方就能听见。人们认为，这是火神武尔卡在拉着风箱辛苦工作，用他的熔炉为诸神锻造武器。

在夏威夷神话中，火山女神裴蕾用火来清洁世界，并使土壤变得肥沃。人们相信她是一种创造性的力量（图1-1）。一旦火山开始喷发，数小时之内熔岩流就会将一片富饶之地变成光秃秃的荒野。熔岩流不仅会破坏其前进道路上的一切，而且火山爆发（图1-2）喷出的气体和火山灰会取代空气中的氧气，毒害人类和动植物。令人惊奇的是，在被摧毁的地方会重新出现生命。经过一段时间之后，熔岩和火山灰被分解掉，使得这个地方的土壤变

🔺 图1-1 夏威夷火山喷出的心型熔岩

图1-2　火山喷发

得异常肥沃。

古希腊学者亚里士多德根据火山喷发时闻到的气味，认定火山是地下的硫黄燃烧的结果；俄国著名科学家罗蒙诺索夫提出火山是地层中煤矿燃烧所形成的。

真实的火山活动很复杂，以至于人们至今还未完全揭开它们神秘的面纱。那么，到底什么是火山呢？

火山概念

火山虽然叫"火"山，其实是没有火的。火山喷发不是山在燃烧，而是高热的岩浆从地下涌出来造成的现象。岩浆冲出地面的时候，液态熔岩温度很高，常在700℃以上，像火一样红。熔岩在压力和分离气体的带动下喷涌而出，夜间还能映红烟云、辉煌夺目。于是，人们就以为看到了熊熊的火光腾空而上。

火山不仅没有火，有时还看不见山。火山的"山"是火山活动时由地下喷出的碎屑和熔岩在火山口周围堆积成的中央高、四周低的锥形山峰。这是最具有火山特征的火山。但是，有的火山因为喷发时爆炸猛烈，毁坏了原来的火山锥，从而不具有山的形态；有的火山因为岩浆沿着地壳裂隙大面积地涌出，留下的只是又宽又平的高地，也不形成突起的山丘；有的火山因为喷发活动很快停止，没有足够的喷出物堆积，从而没有山的形态；有的火山岩浆上升到接近地表而未能冲出，但已使地面形态变异，可以认为存在着潜在的火山。在地质学中，不以山的形态为火山的本质特征，而是以下面有无通道与地壳中的岩浆库相通来判定。

简单地说，火山就是地下深处的高温岩浆及其有关的气体、碎屑从地壳中喷出而形成的，具有特殊形态和机构的地质体。

火山是怎样形成的

地球诞生

我们人类生存的地球，在刚刚形成的时候，原本是一团炽热的大火球。后来，随着温度逐渐降低，较沉的物质下沉到中心，形成地核，较轻的物质飘浮到地面，冷却后形成了地壳（图1-3）。其实，在大约45亿年以前，地球的大小就已经和今天相差不多了。但原始的地球上既无大气，又无海洋。在最初的数亿年间，

图1-3 地球

由于原始地球的地壳太薄，再加上小天体的不断撞击，造成地球内溶液不断上涌，地震与火山喷发随处可见。地球内部蕴藏的大量气泡在火山喷发过程中从内部升起，形成云状的大气。这些云中充满水蒸气，又通过降雨落回到地面。降水填满了洼地，注满了沟谷，最后积水形成了原始的海洋。到了距今25亿年至5亿年的元古代，地球上出现了大片相连的陆地，基本变成了今天这个样子。

地球结构

我们都知道，地球是个巨大的球体。再深入研究就会发现，地球内部有很多层，其中有两个明显的界面，界面上下物质的物理性质有很大差异。第一个界面位于33 km深处，是奥地利科学家莫霍洛维奇于1909年发现的，简称为"莫霍面"。另一明显界面位于2 885 km深处，是德国科学家古登堡于1914年发现的，简称为"古登堡面"。据此，科学家认为，

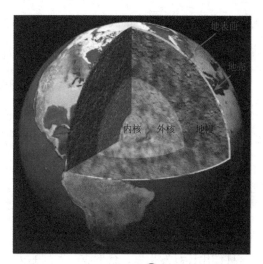

图1-4 地球结构

地球内部大致可分为三个组成物质和性质不同的同心圈层，最外面的一层称为地壳，最中心部分称为地核，中间一层称为地幔（图1-4）。如果把地球内部结构做个形象的比喻，它就像一个鸡蛋，地核就相当于蛋黄，地幔就相当于蛋白，地壳就相当于蛋壳。

地壳是地球的最外层，是地球表面以下、莫霍面以上的固体外壳。地壳的厚度是不均匀的，地壳平均厚度约17 km，大陆部分平均厚度约33 km，高山、平原地区（如青藏高原）地壳厚度可达60～70 km；海洋地壳较薄，平均厚度约6 km。地壳的温度一般随深度的增加而逐步升高，平均深度每增加1 km，温度就升高30℃。

地幔是介于地表和地核之间的中间层，厚度将近2 900 km，主要由致密的造岩物质构成，这是地球内部体积最大、质量最大的一层。由于地壳和上地幔顶部都是由岩石组成的，地质学家把它们统称为岩石圈。岩石圈厚度不均一，通常认为在大洋中脊处岩石圈厚度接近于零，到大陆内部岩石圈厚度为100～150 km。从岩石圈底部向下存在一个软流层，是放射性物质集中的地方，由于放射性物质分裂的结果，整个地幔的温度都很高，在1 000℃～3 000℃之间，这样高的温度足可以使岩石熔化，这里的压力也很大。一般认为软流层是岩浆的发源地，也是地壳运动的动力源。

地核就是地球的中心，又称铁镍核心，其物质组成以铁、镍为主，包括液态的金属外地核和固态的金属内地核。它们被地幔"包裹"着，外地核的温度要比内地核的温度高，可以达到6 000℃，呈液态。

火山形成

地球表面上好像是静止不动的，实际上地壳下面的物质在不停地运动，火山和地震就是它不断运动导致而成的。甚至可以说，没有火山喷发，地球也不可能形成今天的地貌。我们知道，地壳大部分是由岩石组成的，上面覆盖着一层薄薄的土壤，这是岩石经过亿万年的流水侵蚀和风化作用造成的。地壳太薄了，所以非常不稳定，随时都有可能裂开，形成火山喷发。

那么，火山究竟是怎么形成的呢？

板块构造学说认为，地球内部软流圈的热对流使板块运动，从而使板块互相推挤，密度较高的一边会下降到另一边下方，称作俯冲，而发生俯冲的带状地区称为俯冲带或聚合性板块交界。地底的高温会将隐没的板块熔融，形成岩浆。岩浆借由浮力缓缓上升，最后聚集成为岩浆库，就是火山底部储存岩浆的场所。而当岩浆中的气体压力累积到一定程度，火山就爆发了（图1-5、图1-6）。例如，环太平洋地区的火山大多为此类火山。有些火山分布在板块的张裂性交界上，也就是两个板块分离的带状地区。在这类地区，高温的地幔物质会上升，形成海底火山山脉，称作中洋脊。

还有一些火山并不位于板块的交接处，例如美国黄石复式破火山口及夏威夷群岛。火山学家称这些火山是坐落于"热点"上。目前热点的作用机制尚不清楚，但科学家普遍认同的观点是热点由地幔底部上升的"热柱"造成。当板块在热点上做水平移动时，便有一连串的火山生成。这种作用连续发生后，会形成一系列的火山岛群（图1-7），而离热点越远的火山生成年代越早。

火山发生喷发前，地壳下的岩浆就

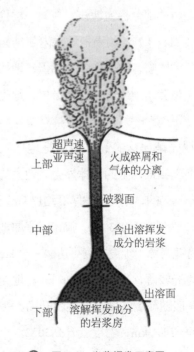

▲ 图1-5　火山的形成

▲ 图1-6　岩浆爆发示意图

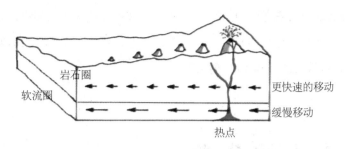

▲ 图1-7　热点上移动形成火山岛群

——地学知识窗——

火山脉动

　　火山脉动是由于火山作用所产生的地面微小的反复震动。它与火山地震不同，是一种长期持续、每次振幅大体一致的震动。多出现在岩浆为玄武岩质的火山地区。在火山爆发前，火山脉动的振幅常增大，是火山爆发的前兆之一。

已经开始活动了。科学家经过研究发现，在火山喷出地表前，主要有三个阶段：岩浆形成与初始上升阶段、岩浆房阶段和离开岩浆房阶段。

岩浆形成与初始上升阶段

　　岩浆的产生必须有两个过程：部分熔融和熔融体与母岩分离。实际上，这两种过程不大可能互相独立，熔融体与母岩的分离可能在熔融开始产生时就有了。部分熔融是液体（即岩浆）和固体（结晶）的共存态，温度升高、压力降低和固相线降低均可产生部分熔融。当部分熔融物质随地幔流上升时，在流动中也会产生液体和固体的分离现象，从而产生液体的移动乃至聚集，称为熔离。

岩浆房阶段

　　岩浆房是火山底下充填着岩浆的区域，是地壳或上地幔岩石中岩浆相对富集的地方。通常认为在地幔柱内岩浆只占总体积的5%~30%。岩浆是由岩浆熔融体、挥发物以及结晶体组成的混合物。

从岩浆房到地表阶段

　　岩浆从岩浆源区一直到近地表的通路的上升，与岩浆房的过剩压力、通道的形成与贯通以及岩浆上升中的结晶、脱气过程有关。当地壳中引张或引张–剪切应力大于当地岩石破裂强度时，便可能形成一条或几条破裂带，若这些裂隙互相连通，就可以作为岩浆喷发的通道。

火山的分类

自然界的火山活动多种多样，形态及构造更是五花八门，要把火山进行系统的分类也不是一件容易的事。怎样把复杂的火山家族分门别类呢？某些学者偏重以火山的构造形态分类；另一些学者则根据火山的喷发特征，并冠以地名或人物姓氏来命名。常见的分类方法有3种：一种按火山活动的情况划分，一种按喷发类型划分，一种按构造形态划分。

根据火山活动情况划分

活火山（active volcano）

活火山是指现在还具有喷发能力的火山。也有人认为在全新世喷发过的火山均属此类。这类火山正处于活动的旺盛时期。如我国新疆卡尔达西火山、黑龙江五大连池火山、云南腾冲火山等，都属于活火山。1995年，卡尔达西火山群发生火山

▲ 图1-8 火山喷发形成的熔岩流

喷发，形成了一个平顶火山锥，锥顶海拔4 900 m，锥高145 m，锥底直径642 m，锥顶直径175 m，火山口深56 m。

根据什么来判断一座火山是死火山

还是活火山，迄今并没有一种严格而科学的标准。经验上或传统上将有过历史喷发或者有过历史喷发记载的火山称为活火山，但每个国家和地区的历史或历史记录是很不一致的，各国对活火山的界定也不一致。我国比较普遍的认识是将1万年以来有过喷发的火山列为活火山。某些多火山喷发的国家如日本，将2 000年来有过喷发活动的火山称为活火山。

但火山的"死"或"活"仍然是相对的。有一些在10 000年甚至更长时期以来没有发生过喷发的"死"火山，也可能由于深部构造或岩浆活动而导致重新喷发。

于是，在火山下面是否存在活动的岩浆系统，就成为判断一座火山是死火山还是活火山的关键。怎样才能知道火山下面是否存在活动的岩浆系统呢？一般可以根据以下现象做出初步判断：一是在活火山区存在水热活动或喷气现象；二是以火山为中心的小范围内，微震活动明显高于其外围地区；三是火山区出现某些可观测到的地表形变。

死火山（extinct volcano）

死火山是指史前曾发生过喷发，但有史以来一直未活动的火山。此类火山已丧失了活动能力。有的火山仍保持着完整

的火山形态，有的则已遭受风化侵蚀，只剩下残缺不全的火山遗迹。我国山西大同火山群（图1-9）在方圆约50 km²的范围内分布着2个孤立的火山锥，其中狼窝山火山锥高将近120 m。

休眠火山（dormant volcano）

休眠火山是指有史以来曾经喷发过，但长期以来处于相对静止状态的火山。此类火山都保存有完好的火山锥形态，仍具有火山活动能力，或尚不能断定其是否已丧失火山活动能力。每座火山活动的喷发周期与频率各不相同，两次喷发中间较长时间内处于静止状态的火山，就叫休眠火山。如我国长白山天池，曾于1327年和1658年两度喷发，在此之前还有多次活动。目前虽然没有喷发活动，但从

▲ 图1-9　山西大同火山群地质公园

山坡上一些深不可测的喷气孔中不断喷出高温气体，可见该火山目前正处于休眠状态。

应该说明的是，这3种类型的火山之间没有严格的界限。休眠火山可以复苏，死火山也可以"复活"，相互间并不是一成不变的。过去一直认为意大利的维苏威火山是死火山，人们在火山脚下建起许多的城镇，在火山坡上开辟了葡萄园，但维苏威火山在公元79年突然爆发，高温的火山喷发物袭占了毫无防备的庞贝城和赫拉古农姆城，两座城市全部毁灭，居民全部丧生。

根据火山喷发类型划分

火山作用受到岩浆性质、地下岩浆库内压力、火山通道形状、火山喷发环境（陆上或水下）等诸多因素的影响，使得火山喷发具有以下类型。

裂隙式喷发

岩浆沿着地壳上巨大裂缝溢出地表，称为裂隙式喷发。这类喷发没有强烈的爆炸现象，喷出物多为碱性熔浆，冷凝后往往形成覆盖面积广的熔岩台地。如分布于我国西南川、滇、黔三省交界地区的二叠纪峨眉山玄武岩和河北张家口以北的第三纪汉诺坝玄武岩，都属裂隙式喷发。现代裂隙式喷发主要分布于大洋底的洋中脊处，在大陆上只有冰岛可见到此类火山喷发活动，故又称为冰岛式喷发（图1-10、图1-11）。

中心式喷发

地下岩浆通过管状火山通道喷出地表，称为中心式喷发。这是现在火山活动的主要形式，又可细分为三种：

宁静式：火山喷发时，只有大量炽热的熔岩从火山口宁静溢出，顺着山坡缓缓流动，好像煮沸了的米汤从饭锅里溢出

图1-10　冰岛巴达本加火山裂隙式喷发

图1-11　冰岛裂隙式喷发

——地学知识窗——

海底火山爆发

海底岩浆的喷发在许多方面与陆上火山不同，最明显的差别是海底高压和低温。海底火山数量成万，远多于陆上，但只有部分升出海面形成海山。海底火山大部分从大洋中脊溢出，也有部分从大洋板块内的热点溢出。

来一样。溢出的熔岩以碱性熔浆为主，熔浆温度较高、黏度小、易流动。含气体较少，无爆炸现象。夏威夷诸火山为其代表，因此又被称为夏威夷式喷发（图1-12）。

爆裂式：火山爆发时，产生猛烈的爆炸，同时喷出大量的气体和火山碎屑物质，喷出的熔浆以中酸性熔浆为主。1568年6月25日，西印度群岛的培雷火山爆发就属此类，也称培雷式喷发（图1-13）。

中间式：属于宁静式和爆裂式喷发之间的过渡型，此种类型以中碱性熔岩喷发为主。若有爆炸，爆炸力也不大。可以连续几个月甚至几年，长期平稳地喷发，并以伴有间歇性爆发为特征。该类型火山以靠近意大利西海岸利帕里群岛上的斯特隆博利火山为代表，该火山每隔两三分钟喷发一次，夜间在669 km以外仍可见火山喷发的火焰。故中间式喷发又称斯特隆博利式喷发。

熔透式喷发

岩浆熔透地壳大面积地溢出地表，

▲ 图1-12 夏威夷式喷发

▲ 图1-13 爆裂式喷发

称为熔透式喷发。这是一种古老的火山活动方式，现代已不存在。一些学者认为，在太古代时，地壳较薄，地下岩浆压力较大，所以常造成熔透式岩浆喷出活动。

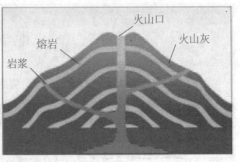

图1-14　复式火山成因

根据火山构造形态划分

复式火山

复式火山（图1-14）又称层火山，是由中心火山口反复爆发的火山碎屑与相对短时期喷溢的熔岩流共同组成的火山。二者交互成层，在喷发口附近堆积成高耸的锥形火山。外观多为优美对称的锥形，大多数都成为著名的旅游胜地。如日本富士山等。

根据对环太平洋26个复式火山统计结果，火山基底座直径为0.6～22 km，高度为0.2～3 km，坡度变化为15°～33°。

复式火山是火山类型中较高大的一类火山，火山口一般出现在山顶，由熔岩层与火山碎屑岩层组成（图1-15）。但有的复式火山喷发方式多样、喷发间歇频繁，比较复杂。2009年12月喷发的菲律宾马荣火山，也是一座复式火山。

图1-15　俄罗斯堪察加半岛的复式火山

——地学知识窗——

火山爆发指数

火山爆发指数表示火山爆发强弱程度，一般用一个地区的火山或一座火山在一定时期内喷出的碎屑物的体积和全部火山喷出物的总体积（气体不计算在内）之比来表示。火山爆发指数采用开放式尺度，历史上最大型的火山爆发强度为8级，指数每增1级表示火山爆发威力大10倍。

盾状火山

盾状火山（图1-16）是由低黏度岩浆从中央或侧火山口溢出，沿火山斜坡溢流构成的。岩浆逐渐冷却后，呈宽阔穹状缓坡，顶部似盾，故名盾状火山。低黏度岩浆是玄武岩时，往往形成盾状火山（图1-17）。

▲ 图1-16 盾状火山成因

夏威夷式喷发形成的盾状火山，特点是规模大和多成因性。一些大型的盾状火山具有顶部塌陷的破火山口、溅落熔岩锥、火山渣锥和较小的岩盾。夏威夷岛

▲ 图1-17 南京江宁方山盾状火山

（大岛）是夏威夷群岛中的最大岛屿，由5个盾状火山连接而成。其中的冒纳罗亚火山从海底到山顶有9 090 m，是世界上最大的盾状火山。它由数以千计的岩浆互相层叠而成，每层的厚度都不超过15 m。

冰岛式喷发形成的盾状火山，特点是规模小和单成因性。一般宽度小于15 km，顶部火山口直径小于1 km，这类盾状火山形态上近于完全对称，由中心式火山口喷溢作用造成。这类盾状火山发育大量薄层绳状熔岩，在火山口周围由溅落的熔岩构成突起环边。世界上代表性的冰岛式盾状火山是冰岛的斯恰尔布雷泽火山。

熔岩高原

熔岩高原又称熔岩台地，是由大规模的高流动性的熔岩溢流覆盖所形成的平坦高地，就像一盆岩浆泼洒在楼梯间。熔岩流的组成物质主要是玄武岩。按规模大小可以分为熔岩台地（图1-18）和熔岩高原。当熔岩流流入低缓地区，熔岩从中心向四周运动，形成广阔的熔岩原野，称熔岩盖。熔岩流还可以流入洼地形成熔岩湖，流入河谷内形成陡坎或熔岩瀑布等。不同成分的熔岩、熔岩流原始温度及熔岩喷发的形式影响熔岩流的运动形式、岩流速度、距离及覆盖程度等。

内蒙古克什克腾旗的地貌融西部草原、南部熔岩台地和北部丘陵山区于一体，其中熔岩台地占38.8%。

火山渣锥

火山渣锥是由火山喷出物如火山渣、火山灰和熔岩流喷出地表又落到喷发

图1-18 熔岩台地

口附近相互叠置堆积而成的火山锥体。这种火山是由多次火山活动造成的。火山口内还可形成小的火山锥，其中又以火山渣为主，逐渐累积成圆锥形的火山（图1-19）。大多数的锥形火山都很耐侵蚀，因为落到锥上的降雨渗入高渗水性的火山渣里，较少对它们的表面进行侵蚀作用。火山碎屑物胶结松散，故无法形成较高的堆积，通常都小于500 m。墨西哥西部帕里库廷火山就是著名的火山渣锥。

▲ 图1-19 白石山火山渣锥

其他类型的火山

泥火山（图1-20）是由大量的气体、泥土和岩石碎块沿断层喷出堆积而成的，外形多为锥、小丘或者是盆穴状，丘的尖端部常有凹陷，并由此间断地喷出泥浆与气体。里海巴库油田，我国新疆克拉玛依和台湾高雄、台东、屏东一带均有泥火山。泥火山名为火山，但又不是通常意义上的火山。通常所说的火山最基本的特征是由岩浆形成的，并具有岩浆通道，而泥火山则是由泥浆形成的，不具有岩浆通道。泥火山不仅形状像火山，具有喷发出口，还有喷发冒火的现象。泥火山出口通常很浅，可能间歇地喷泥。

除此之外，从火山的外形上分，还有破火山和低平火山。

▲ 图1-20　泥火山

——地学知识窗——

太阳系其他天体有火山活动吗

　　火山活动是太阳系内所有行星和多数卫星共同经历过的地质作用。类地行星（水星、金星、地球与火星）及它们的卫星表面普遍分布着多种火山和火山岩。其中金星、火星和月球上的火山活动与地球上的早期（始太古代）火山活动有许多相似性。现在，火星与月球上的火山活动早已停止，而金星和地球上仍有火山活动。有些卫星现在也还有火山活动（如海卫一）。

Part 2 火山喷发扫描

火山喷发不是山在燃烧，而是炽热的岩浆从地下涌出来。当火山喷发时，伴随着巨大的轰鸣，石块飞腾翻滚，炽热的熔岩如同熊熊的火光腾空而上，数小时之内，一片富饶之地变成光秃秃的荒野。

火山喷发的条件

火山形成后并不是永远静止不动的。火山（包括活火山或者休眠火山）的形成就如同人的诞生一样，一旦形成就有了生命力。

地下岩浆中的气体和水分是火山喷发的重要动力（图2-1）。地球深处巨大的压力，把气体水分与岩浆勉强混合在一起。岩浆在地下聚积，其中的一部分物质逐渐凝结成岩石，从中分离，造成了气体和水分的比例越来越大，冲击力也越来越强。当它们从地壳中冲开一条出路的时候，大量岩浆便会顺着出路涌向地面。这时压力急剧减小，气体和水分迅速膨胀，从而形成火山的骤然爆发。火山喷发是一种奇特的地质现象，是地壳运动的一种表现形式，也是地球内部热量在地表的最强烈的释放（图2-2）。

▲ 图2-1　火山喷发

△ 图2-2　从太空中观测到的火山喷发

不论是裂隙喷发还是中心喷发，火山作用多与长期发育的区域断裂系统有关。中心式喷发往往发生在两组断裂相交的地方。火山岩区断裂构造可划分出三个主要发育阶段：一是火山作用以前的断裂和断块构造形成阶段，主要为岩浆向地表运动提供通道；二是火山作用期间发育的断裂构造，主要为岩浆向上运动时上冲压力形成隆起构造；三是继承早期断裂，叠加在火山堆积物上的断裂系统。

一个地方能否形成火山，主要在于是否具备以下条件：

（1）部分熔融体的形成必须有较高的地热（自身积累的或外边界条件产生的），或隆起减压过程，或脱水而降低固相线。

（2）岩浆房形成的位置与中性浮力面的深度有关，而中性浮力面的深度又与地壳流变学间断面有关。

（3）岩浆房中的物理化学过程，主要是结晶体、挥发物与流体的份额间的相互作用，对岩浆喷发起着促进或抑制作用。地壳岩浆房的存在起着拦截、改造从地幔升上的岩浆的作用。它也是形成爆炸式火山喷发的重要条件。

（4）岩浆房的存在对岩浆通道的形成有促进作用，而构造活动产生的应力场是形成岩浆通道的主要原因。

（5）岩浆离开岩浆房后的上升受到压力梯度与浮力的双重驱动。

火山喷发的前兆

火山爆发的前几个月就有很多前兆，根据国内外的经验，可以通过如下方法来判断：

频繁地震

火山爆发和地震是一对孪生兄弟，火山爆发前常有微震。地震有所增加，表明火山接近喷发。地震能够通过地震仪监测，因此国外一般在活动火山的周围设有地震站，如圣·海伦火山周围有13个地震站，在1980年5月圣·海伦火山大爆发前，每天曾监测到的3级地震达30次之多。

地形变化

由于火山爆发前地下岩浆的活动剧烈，产生地应力，使地表出现地裂、塌陷、位移等（图2-3）。例如，阿拉斯加卡特迈火山于1912年爆发前，其周围甚至十几千米以外的地区，突然出现许多地裂

🔺 图2-3 埃塞俄比亚的尔塔阿雷火山岩浆湖

缝或塌陷，向外喷灰吐气。圣·海伦火山爆发前，在其北坡出现一个圆丘。到1980年，圆丘的高度迅速增长，最快时每天增高45 cm，在当年5月18日终于从这个圆丘突破，发生大爆发。地面突起还是沉降，与岩浆运移有关。

地温、气温、水温升高

火山爆发前，由于岩浆活动，导致附近的地温、气温、水温升高、冰雪融化。许多高大的火山常年处于雪线以上，如果火山上的冰雪融化，预示着将要爆发。如圣·海伦、科托帕克希、鲁伊斯等火山均有此现象，融化的雪水甚至造成泥石流或山洪暴发。

隆隆的响声

由于岩浆和气体膨胀，火山体内会发出隆隆的响声，预告喷发即将来临。1980年，两位地质学家在墨西哥的埃尔奇琼火山顶工作时，听到地下传来隆隆的响声，但这却并未引起当地政府和居民的重视，后火山喷发，造成100多人丧生。

气味异常

在火山爆发以前，岩浆早就在地下大量聚集，并且向地表逼近。这时，岩浆中的气体有一部分先行飘散出来。在这些气体中，有硫黄的蒸气和许多含硫的气体，通常散发出难闻的气味。因此，国外研究人员经常在火山附近取气体样品分析，如果不正常的气体浓度增加，表示火山可能即将爆发。

动物异常

许多国家的动物学家都认为，动物的反常现象确实是一些灾难的先兆。火山爆发或地震都是巨大的能量释放，在爆发前，地磁、地电、地温、地下水、大气等都会发生各种变化，由于动物的某些感觉十分灵敏，会出现烦躁不安、攻击人、集体迁移、死亡等异常现象。1902年培雷火山爆发前1个月，鸟兽纷纷远走高飞，似乎早知将要大难临头。

电磁异常

火山爆发跟地震一样，会产生较强的地磁变化和电磁辐射，导致地球内部的磁场产生变化。许多科学观测资料充分表明，在火山喷发前后能观测到地磁、地电的异常变化。如在伊豆大岛火山喷发的前几年，开始出现地磁场的异常变化，喷发时总磁场强度发生了急剧变化（*一切磁场都是由变化的电场引起的，所以磁场的变*

化即标志着电场的变化）。在横跨中心火山喷火口的测量路线上，用直流电法进行重复的电阻率测量，发现在火山喷发前大约一年开始出现异常，在火山喷发前3个月异常达到极大。

——地学知识窗——

地球上最活跃的火山——伊萨利科火山

地球上最活跃的火山是"火山国"萨尔瓦多的伊萨利科火山。这座火山自200年前被发现以来，一直不停地活动，几乎每隔两三分钟就向外喷射蒸气、岩浆和火山灰。由于它的喷射高度达300 m，航海者甚至把它视为航标灯。

火山喷发的过程

不论火山以何种类型喷发，总有一个固定的喷发过程。火山喷发的过程可分为三个阶段：气体的爆炸、喷发柱的形成和喷发柱的塌落。

气体的爆炸

在火山喷发的孕育阶段，由于气体出溶和群震的发生，上覆岩石裂隙化程度高，压力降低，而岩浆体内气体出溶量不断增加，岩浆体积逐渐膨胀，密度减小，内压力增大，当内压力大大超过外部压力时，在上覆岩石的裂隙密度带发生气体的猛烈爆炸，使岩石破碎，并打开火山喷发的通道，首先将碎块喷出，相继而来的就是岩浆的喷发。

喷发柱的形成

气体爆炸之后，气体以极大的喷射力将通道内的岩屑和深部岩浆喷向高空，形成了高大的喷发柱。喷发柱又可分为三个区：

气冲区

气冲区位于喷发柱的下部，相当于整个喷发柱高度的1/10。因气体从火山口冲出时的速度和力量很大，虽然喷射出来的岩块等物质的密度远远超过大气的密度，但它也会被抛向高空。气体携带岩块等在火山通道内上升时逐渐加快，当它喷出地表射向高空时，由于大气的压力和喷气能量的消耗，速度逐渐减小，被气冲到高空的物体按其重力大小在不同的高度开始降落。

对流区

对流区位于气冲区的上部，因为喷发柱气冲减慢，气柱中的气体向外散射，大气中的气体不断加入，形成了喷发柱内外气体的对流，因此称其为对流区。该区密度大的物体开始下落，密度小的物体靠大气的浮力继续上升。对流区气柱的高度较大，约占喷发柱总高度的7/10。

扩散区

扩散区位于喷发柱的最顶部，此区喷发柱与高空大气的压力达到基本平衡的状态。喷发柱不断上升，柱内的气体和密度小的物体沿着水平方向扩散，故称其为扩散区。被带入高空的火山灰可形成火山灰云，火山灰云能长时间飘在空中，进而对区域性的气候带来很大影响，甚至会造成灾害。此区柱体高度占柱体总高度的2/10。

喷发柱的塌落

喷发柱在上升的过程中，携带着不同粒径和密度的碎屑物，这些碎屑物依着重力的大小，分别在不同高度和不同阶段塌落。决定喷发柱塌落快慢的因素主要有四点：火山口半径、喷发柱中岩屑含量、喷发柱中重复返回空中的岩块及是否有地表水加入。

火山口半径大的，气体冲力小，柱体塌落得就快；若喷发柱中岩屑含量高，并且粒径和密度大，柱体塌落得就快；若喷发柱中重复返回空中的岩块多，柱体塌落得就快；喷发柱中若有地表水的加入，可增大柱体的密度，柱体塌落得就快。反之，喷发柱在空中停留的时间长，塌落得就慢。

在火山喷发过程中，挥发性物质充当了重要的角色，它不仅是火山的产物，更是火山喷发的动力。从岩浆的产生到火山喷发的整个过程，挥发性物质的活动无一不在起着重要作用。

——地学知识窗——

地球上最大的活火山——摩那劳火山

地球上最大的活火山是夏威夷的摩那劳火山，高4 168.7 m，曾于1975年和1984年4月爆发过，有一条覆盖5 180多平方千米的熔岩流。火山口底部面积为10.36 km^2，深达152.4~182.9 m。

火山喷发的类型

火山喷发类型的决定因素之一是岩浆的成分、挥发分含量、温度和黏度。如玄武岩浆含二氧化硅成分低、含挥发分相对少、温度高、黏度小，因此岩浆流动性大，火山喷发相对较宁静，多为岩浆的喷溢，可形成大面积的熔岩台地和盾状火山；流纹质和安山质岩浆富含二氧化硅和挥发分，其温度低、黏性大，流动性差，因此火山喷发猛烈，爆炸声巨大，有大量的火山灰、火山弹喷出，常形成高大的火山碎屑锥，并伴有火山碎屑流和发光云现象，往往造成重灾。决定因素之二是地下岩浆上升通道的特点。若岩浆房中的岩浆沿较长的断裂线涌出地表，即形成

裂隙式喷发；若沿两组断裂交叉而成的筒状通道上涌，在岩浆内压力作用下，便可产生猛烈的中心式喷发。决定因素之三是岩浆喷出的构造环境，看其是在陆地还是水下；是在洋脊还是在板内；是在岛弧还是在碰撞带等。火山所处的大地构造环境不同，火山喷发类型的特点也大不相同。

玄武岩泛流喷发

玄武岩泛流喷发（图2-4）如印度德干高原、北美哥伦比亚高原。它们是岩浆沿一个方向的大断裂（裂隙）或断裂群上升，喷出地表，有的从窄而长的通道全面上喷；有的火山呈一字形排列分别喷发，

图2-4　玄武岩泛流喷发

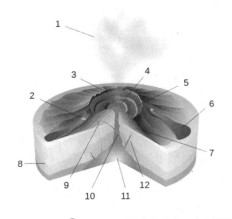

图2-5　夏威夷式火山喷发模型

1—火山灰；2—熔岩喷涌；3—火山口；4—熔岩湖；
5—火山气孔；6—熔岩流；7—火山灰和熔岩层；8—地层；
9—岩床；10—岩浆通道；11—岩浆房；12—岩墙

但向下则相连成为墙状通道，因此称为"裂隙喷发"。喷发以玄武岩为主，流动方向近于平行，厚度及成分较为稳定，产状平缓，以熔岩多见，常形成熔岩高原。因为玄武岩流动性大，熔岩喷出量大，少有爆发相，在地形平坦处似洪水泛滥，到处流溢，分布面积广，所以又称"玄武岩泛流喷发"。1783年冰岛的拉基火山喷发，从长25 km的裂隙中喷出约12 km³的熔岩及3 km³的火山碎屑物，覆盖面积达565 km²。美国亚利桑那州的威廉峡谷，从120 m宽的裂隙中一次性流出熔岩，形成14×22 km²的高原，厚度最大达240 m。我国贵州、云南、四川的二叠纪玄武岩及河北省的汉诺坝也都是玄武岩泛流喷发。

夏威夷式喷发

夏威夷式喷发（图2-5）是以夏威夷火山命名的一种火山喷发类型，特点是很少发生爆炸，常常从火山顶火山口和山腰裂隙溢出数量相当多的低黏度熔岩流，流动性大，表现为比较安静的溢流，气体释放量可多可少，被喷出的多是玄武质熔岩，也可以是安山质熔岩，有少量的火山渣和火山灰。这种喷发类型，熔岩往往是多次溢流，而且有许多裂隙作为通道，往往形成盾状火山或寄生火山。如1924年基拉韦厄和1975年冒纳罗亚火山的喷发就是典型的夏威夷式喷发。这种类型的喷发基本不会造成人员伤亡，但可以毁坏农田村庄，造成财产损失。

斯特隆博利式喷发

"斯特隆博利式喷发"（**图2-6**）源自20
世纪初早期的意大利语。最典型的代表是意大
利的斯特隆博利火山，位于西西里风神岛，经
常有火山喷发活动，从古代起即被称为"地中
海的灯塔"。

喷发特征是中等强度岩浆的喷溢，其黏
性比夏威夷式要大一些，有低能量的爆发。火
山口的熔岩有轻度硬解，主要为块状熔岩，由
玄武质、安山质成分的岩石组成，熔岩流厚而
短，也有少数为绳状。火山喷出物有火山渣、
火山砾和火山弹爆炸较为温和，很多火山碎屑
又落回火山口，再次被喷出，其他的落到火山锥
形成的坡上并滚入海中。如斯特隆博利火山（意
大利）、帕里库廷火山（墨西哥）、维苏威火山
（意大利）、阿瓦琴火山、克留契夫火山（俄罗
斯）等，都具有斯特隆博利式喷发特点。

武尔卡诺式喷发

武尔卡诺岛位于地中海西西里岛附近。这种
类型的喷发（**图2-7**）喷出的熔岩比斯特隆博利
式火山喷出的黏度更大，喷发较为猛烈。岩浆成
分从安山质到流放质。通常无岩流，如有则厚
而短小。不喷发时在火山口上形成较厚的固结
外壳。当压力增大时，发生猛烈的爆炸，使阻塞

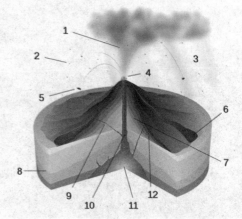

⚠ 图2-6　斯特隆博利式火山喷发模型
1—火山灰；2—火山角砾；3—火山灰落；4—熔岩喷涌；
5—火山弹；6—熔岩流；7—火山灰和熔岩层；8—地层；
9—岩墙；10—岩浆通道；11—岩浆房；12—岩床

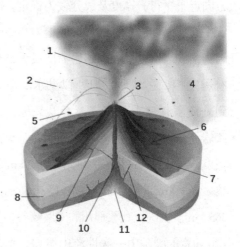

▲ 图2-7　武尔卡诺式火山喷发模型
1—火山灰；2—火山角砾；3—熔岩喷涌；4—火山灰落；
5—火山弹；6—熔岩流；7—火山灰和熔岩层；8—地层；
9—岩床；10—岩浆通道；11—岩浆房；12—岩墙

物被炸开，一些碎片和熔岩组成的"面包皮状火山弹"和火山渣被一起喷出。

培雷式喷发

培雷式喷发的名字源于小安德列斯群岛的马提尼克岛培雷火山1902年的喷发。当时的喷发毁灭了圣皮埃尔城，死亡人数超过3万。这种喷发属黏稠岩浆的猛烈爆发，岩浆成分大多为流放质，也可以是安山质、粗面质，最明显的特征是产生炽热的火山灰云，火山灰云是一种高热度气体，全是炽热的火山灰微粒，就像活动的乳浊液，密度大，当它沿山坡向下移动时，足以产生飓风一样的效果。历史上发生培雷式喷发的火山较多：1835年科西圭那、1883年喀拉喀托、1902年苏弗里埃尔、1912年卡迈特、1951年拉明顿、1955~1956年别兹米扬、1968年马荣和1982年埃尔奇琼火山喷发都属此种类型。

普林尼式喷发

普林尼式喷发（图2-8）是一种特别强烈的火山喷发，以因观察维苏威火山喷发而遇难的罗马火山学家普林尼命名。这类喷发岩浆黏度大、爆发强烈，火山碎屑物常达90%以上，其中围岩碎屑占10%~25%，喷出物以流纹质与粗面质浮

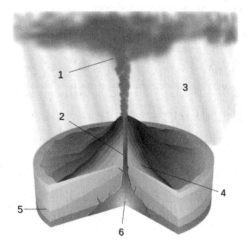

图2-8 普林尼式火山喷发模型
1—火山灰；2—岩浆通道；3—火山灰落；4—火山灰和熔岩层；5—地层；6—岩浆房

岩、火山灰为主，分布较广，伴有少量熔岩流或火山灰流。

由于爆发强烈及岩浆物质大量抛出，常形成锥顶崩塌的破火山口。这种火山喷发过程常为：消除火山通道、岩浆泡沫化、猛烈爆发出浮岩及火山灰、通道壁上碎石坠入及堵塞火山通道。公元79年维苏威火山爆发是典型的普林尼式喷发，伴随喷发大规模降落浮石、火山渣和火山灰。1980年5月18日美国圣·海伦火山爆发也是普林尼式，爆发时形成热液-岩浆爆炸。

超武尔卡诺式喷发

超武尔卡诺式喷发和水蒸气爆发一

27

样，几乎全是无岩浆物质的爆发式喷发。有的称超火山（日本磐梯山）型爆发。此类型爆发无熔岩，喷发物质是冷却状态的，偶尔在炽热状态下喷出。其特点是出现大量的基底火山碎屑，有时可达75%～100%。超武尔卡诺型喷发出的物质体积大小变化很大，从巨形岩块到火山灰均有。碎屑通常是棱角状和尖棱角状，无火山弹和熔渣。

苏特塞式喷发

这是以冰岛南部近海的苏特塞岛火山命名的一种火山喷发类型。热的岩浆与冷的水相互作用而发生的蒸气岩浆爆发，往往形成基底涌流和火山灰空落堆积。这种由岩浆–水蒸气、水蒸气–岩浆爆发的类型与陆地上的斯特隆博利型喷发不一样。

以上分类也不是最完善的。实际调查显示，同一种喷发类型也可能出现在不同类型的火山作用中，而同一座火山在自身活动过程中也可能产生不同的喷发类型，甚至是在同一喷发时期也有时出现不同的火山活动形式。

——地学知识窗——

诺瓦鲁普塔火山——20世纪最大火山爆发

诺瓦鲁普塔火山位于美国阿拉斯加，坐落于著名的卡特迈国家公园和自然保护区，距离阿拉斯加最大城市、美国最北方主要城市安克拉治约470 km，位于其西南方。诺瓦鲁普塔（Novarupta）的意思为"新的爆发"（new eruption），因为它是1912年的一场火山大爆发形成的。这次火山活动为20世纪最大的火山爆发，释放出的岩浆量是1980年圣·海伦火山爆发岩浆量的30倍。

火山喷发的产物

火山喷出的不是火，那么，它究竟喷出的是什么呢？

火山气体

火山气体是由于火山作用而从岩浆中分离出来的挥发物质的总称。火山气体在火山活动的整个过程中出现。大量的气体喷出物出现在火山喷发的最初阶段，从火山锥的中心火口、侧面火口或裂隙喷发；其次是来自熔岩的析出气体，使熔岩表面出现"冒烟"现象，并在熔岩内部留下气孔；火山后期的喷气过程也是火山气体产物的主要作用阶段，有时可以延续很长的时间。火山气体的主要成分是水蒸气（70%～90%）、二氧化碳、二氧化硫以及微量的氮、氢、一氧化碳、硫化氢、氯等。喷出气体的温度可达到500～600℃，岩浆析出的水蒸气或地下水受热汽化成的水蒸气沿裂隙上升，遇冷在地表往往形成喷泉或温泉。有些火山的气体喷出物量很大，如墨西哥帕里库廷火山喷发时，一昼夜的气体喷出量超过了3 000 t。有时火山会喷出大量有毒气体，造成人员伤亡，如1986年喀麦隆尼尔斯火山喷出的有毒气体（主要是CO）造成1 700多人死亡，大量牲畜陈尸荒野。

熔岩

熔岩（图2-9）是火山喷出的液体产物，主要成分为硅酸盐，极少数情况下为碳酸盐。不同类型的火山喷出的熔岩成分有很大的不同，熔岩冷却固结后即成为火山岩（喷出相），火山岩通常依据SiO_2、Na_2O、K_2O百分比含量进行分类。首先根据里特曼指数值（碱度，表示岩浆岩中全碱含量与二氧化硅含量之间关系的指数）将岩石区分为钙碱性系列、碱性系列和过碱性系列，再按照SiO_2含量（酸度）将岩石分为酸性、中性、基性和超基性，分类见表2-1。

29

▲ 图2-9　流淌中的火山熔岩

表2-1　　　　　　　　　　　　　火山岩（喷溢相）分类表

碱度 ＼ 酸度	酸性	中性	基性	超基性
钙碱性系列	流纹岩、英安岩	安山岩、粗安岩、粗面岩	玄武岩（拉斑玄武岩、高铝玄武岩）	苦橄岩、麦美奇岩、科马提岩
碱性系列	碱性流纹岩、碱流岩	碱性粗面岩	碱性橄榄玄武岩	碱性苦橄岩
过碱性系列	响岩	碱玄岩、碧玄岩	碳酸熔岩	霞石岩

常见火山岩

流纹岩（图2-10）是典型的酸性喷出岩，通常呈灰白色、浅灰色或灰红色，斑状结构，斑晶多为石英、碱性长石，也有斜长石，基质为致密的隐晶质或玻璃质。流纹岩在我国东部地区广泛分布，常构成独特的风景地貌。浙江雁荡山、临海、桃渚，福建白水洋，深圳大鹏湾，香港西贡等地质公园内均有流纹岩分布。

安山岩（图2-11）是典型的中性喷出岩，通常呈紫红色、紫灰色或灰绿色，一般为斑状构造，斑晶有辉石、角闪石、黑云母及具有环带状结构的中性斜长石，无石英或较少石英，块状构造、气孔状构造或杏仁状构造，基质为玻基交织结构或玻璃质结构。安山岩在太平洋大陆边缘有大规模的分布，称为安山岩线。我国东部地区亦较广泛分布有安山岩，其中南京-芜湖地区的安山岩因与铁矿有关而闻名。

粗面岩（图2-12）是一种偏碱性的中性火山岩。化学成分中 K_2O+Na_2O 一般为9%左右，与侵入岩中正长岩成分相当。碱性长石、斜长石及少量黑云母、角闪石在粗面岩中呈斑晶出现。安徽省浮山、广东西樵山国家地质公园火山地质遗迹主要由粗面岩组成。

玄武岩（图2-13）是典型的基性喷出岩，通常呈灰黑色或灰绿色，细粒，致密状，隐晶质结构或斑状结构，主要矿物成分为斜长石、辉石和少量橄榄石，常见气孔构造和充填方解石、沸石等矿物的杏仁状构造。常见斑状矿物为橄榄石、辉石、基性斜长石。玄武岩按化学成分、矿物成分可分为拉斑玄武岩、碱性玄武岩等。不同地质年代均有玄武岩出现，如四川峨眉山玄武岩为二叠纪。但构成火山地质景观主要为新近纪玄武岩，如福建漳州、南京六合、台湾澎湖等地的玄武岩都是新近纪中新世的火山喷出岩。五大连池、海口火山的玄武岩则为（第四纪）全新世玄武岩。

响岩（图2-14）因人们敲击此类岩石产生响声而得名。它是一种过碱性火山岩，由碱性长石、似长石（如霞石、白榴石、方沸石、蓝方石、黝方石）及暗色矿物组成。含有黝方石的响岩称黝方石响岩，含白榴石则称白榴石响岩，南京铜井娘娘山同时产有这两种岩石，国内外罕见。

超基性喷出岩在自然界罕见，超基性岩浆一般形成于地壳深部和上地幔，喷出地表需要经过漫长的路途，所以大部分都变成侵入岩。同时在向上地壳侵入的过程中也会不断同化混染上地壳中酸性岩石而改变其成分。

▲ 图2-11 安山岩

▲ 图2-10 流纹岩

▲ 图2-12 粗面岩

▲ 图2-13 玄武岩

▲ 图2-14 响岩

火山碎屑

大多数陆上火山喷发都会有大量的固态喷出物，有时喷出的固态喷出物数十倍于液态喷出物。固态喷出物也称为火山碎屑物，源于希腊词汇"Tephra"，是"灰"的意思，现已成为火山专业术语，是火山喷发时飞入空中的所有碎屑物的总称。其中包括各种成分不一、大小不一的块体，小的直径不到1 mm，大的可以达到数米（图2-15）。火山碎屑物由于爆炸、热气流或岩浆的喷发被带入空中，其颗粒大小的分布与火山口的距离密切相关，距离火山口越远，火山碎屑物的粒径越小。轻而小的火山灰被风吹到几千米以外沉降或上升到平流层随大气环流运动，粗重的则落在火山口附近，如火山块、火山弹等，经沉积、压实、固结等成岩作用后成为火山碎屑岩。根据火山碎屑物的这种特征可以推测古火山口的位置。

▲ 图2-15　火山喷发柱

火山喷发碎屑根据尺寸和形态又可分为火山灰、火山砾、火山块和火山弹等。

火山灰

火山爆发时，岩石或岩浆被粉碎成细小颗粒，从而形成火山灰（图2-16、图2-17）。火山灰主要是由岩石、矿物、火山玻璃碎片组成，直径小于2 mm。但它不同于烟灰，因为它坚硬、不溶于水。火山灰并不是我们所想象的"灰"，实际上大多像沙粒大小，具有很大的危害性。火山爆发时炽热的火山灰随气流快速上

图2-16　喷发出的火山灰

图2-17　火山灰

升，不仅会对飞行安全造成威胁，大规模的火山喷发所产生的火山灰还可以在平流层长期驻留，从而对地球气候产生严重影响。此外，火山灰也会对人、畜的呼吸系统产生不良影响。当火山灰与水（火山区暴雨、附近的河流湖泊等）混合形成密度较大的火山泥流时，危害性就更大了。1991年皮纳图博火山喷发时，台风和雨使又湿又重的火山灰降落到人口稠密的地区，压塌屋顶，造成约200人死亡。不过，火山灰并不是没有用处的，它是很好的天然肥料。

火山砾

火山砾（图2-18）指的是直径范围在2～64 mm的火山喷发碎屑，在意大利语中"Lapilli"是"小石头"的意思。另外，还有一种火山砾被称为增生火山砾，它的直径范围也是2～64 mm，其特殊之处在于它是球形的，是由细小的火山灰一层一层黏结而成的。

火山块

火山块（图2-19、图2-20）是直径大于64 mm的棱角锋利的岩块。火山块的成分一般是早期的熔岩。火山爆发导致火山锥上早期的熔岩体破碎形成火山块。一般认为熔岩体破碎时为固体状态，从而才可能形成火山块锋利的棱角。

火山弹

火山弹（图2-21）是直径大于64 mm 形状圆滑的熔岩块。火山爆发时，熔融或部分熔融的熔岩块体在空中旋转，并在空中冷却后落回地面。由于流体动力学的作用，岩块形成了圆滑的形状。火山弹包括圆形、长形、纺锤形等多种。

如前所述，正是这些喷出物堆积在火山口附近形成火山。当然，不同的火山喷出物也是不同的，即使是同一座火山，不同时期的喷出物也是不同的。

🔺 图2-18 火山砾

🔺 图2-19 火山块

🔺 图2-20 火山渣块有大气泡，打开后"呈洞状"

🔺 图2-21 火山弹

——地学知识窗——

恐龙灭绝原因的猜想——火山爆发

关于灭绝事件的成因，科学家们提出了各种假说。很多人认为灭绝事件包括恐龙灭绝都源于火山爆发。火山气体导致气候变化，改变了温度和海洋酸性，从而使地球不适合许多物种生存。印度德干玄武岩地区的火山爆发是火山爆发说最能说服人的证据。伴随这次火山爆发而来的硫足以在大气中弥漫1万年，相当于10次小行星撞击，因而产生了惊人的温室效应和海水酸化效应。

Part 3 火山分布巡礼

世界各地几乎都有火山分布。火山喷发有的发生在陆地，有的发生在海洋，岛弧和大陆地区的火山喷发造成了主要的火山灾害。火山并不是随处可见，它的分布是有规律可循的。

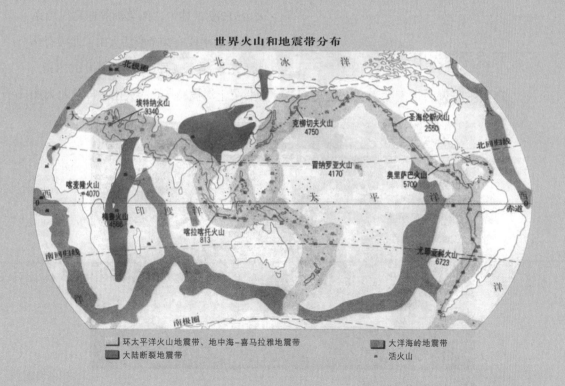

世界火山和地震带分布

□ 环太平洋火山地震带、地中海-喜马拉雅地震带　　　■ 大洋海岭地震带
■ 大陆断裂地震带　　　　　　　　　　　　　　　　. 活火山

全球火山带

自板块构造理论建立以来，很多学者根据板块理论认为大多数火山都分布在板块边界上，少数火山分布在板内，前者构成了四大火山带，即环太平洋火山带、大洋中脊火山带、东非裂谷火山带和阿尔卑斯–喜马拉雅火山带（图3-1）。

环太平洋火山带

环太平洋火山带南起南美洲的奥斯特岛，经南北美洲的科迪勒拉山脉，转向西北的阿留申群岛、堪察加半岛，向西南延续的是日本列岛、琉球群岛、台湾岛、菲律宾群岛以及印度尼西亚群岛，全长4万余千米，呈一向南开口的环形构造系。环太平洋火山带也称环太平洋火环，有活火山512座，其中，南美洲笠迪勒拉山系安第斯山南段有30余座活火山，北段有16座活火山，中段尤耶亚科火山海拔6 723 m，是世界上海拔最高的活火山。再向北为加

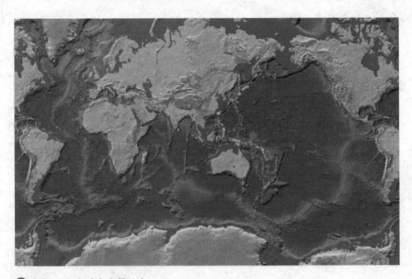

图3-1 全球火山带分布

勒比海地区，沿太平洋沿岸分布的著名火山有奇里基火山、伊拉苏火山、圣阿纳火山和塔胡木耳科火山。北美洲有活火山90余座，著名的有圣·海伦火山、拉森火山、雷尼尔火山、沙斯塔火山、胡德火山和散福德火山。在阿留申群岛上最著名的是卡特迈火山和伊利亚姆纳火山（图3-2）。在堪察加半岛上有经常活动的克留契夫火山。千岛群岛和日本列岛山岛弧，著名火山分布在日本列岛，如浅间山、岩手山、十胜岳、阿苏山和三原山都是多次喷发的活火山。琉球群岛至台湾岛有众多的火山岛屿，如赤尾屿、钓鱼岛、彭佳屿、澎湖岛、七星岩、兰屿和火烧岛等，都是新生代以来形成的火山岛。火山活动最活跃的是菲律宾至印度尼西亚群岛的火山，如喀拉喀托火山、皮纳图博火山、塔匀火山、坦博拉火山和小安德列斯群岛的培雷火山等，近代曾发生过多次喷发。

环太平洋带火山活动频繁，据历史资料记载，这里现代喷发的火山占全球的80%，主要发生在北美、堪察加半岛、日本、菲律宾和印度尼西亚。印度尼西亚被称为"火山之国"，南部包括苏门答腊、爪哇诸岛构成的弧-海沟系，火山近400座，其中129座是活火山，这里

——地学知识窗——

环太平洋火山带附近的国家

阿根廷、伯利兹、玻利维亚、巴西、文莱、加拿大、哥伦比亚、智利、哥斯达黎加、厄瓜多尔、东帝汶、萨尔瓦多、密克罗尼西亚联邦、斐济、危地马拉、洪都拉斯、印尼、日本、中国、基里巴斯、马来西亚、墨西哥、新西兰、尼加拉瓜、帕劳、巴布亚新几内亚、巴拿马、秘鲁、菲律宾、俄罗斯、萨摩亚、所罗门群岛、汤加、图瓦卢、美国。

图3-2　阿留申群岛火山爆发

仅1966～1970年这5年间就有22座火山喷发。此外，海底火山喷发也经常发生，致使一些新的火山岛屿露出海面。

环太平洋火山带的火山岩主要是中性岩浆喷发的产物，形成了钙碱性系列的岩石，最常见的火山岩类型是安山岩，位于距海沟轴150～300 km的陆地内，安山岩平行于海沟呈弧形分布，即形成所谓的"安山岩线"。另一特点是，自海沟向陆地方向岩石有明显的水平分带性，一般随与海沟距离的增大，依次分布为拉斑系列岩石、钙碱性系列岩石和碱性系列岩石。这里的火山多为中心式喷发，火山爆发强度较大，如果发生在人口稠密区，则往往造成严重的火山灾害。

大洋中脊火山带

大洋中脊也称大洋裂谷，在全球呈"W"形展布，从北极穿过冰岛到南大西洋，这一段是等分了大西洋壳，并和两岸海岸线平行。向南绕非洲的南端转向西北与印度洋中脊相接。印度洋中脊向北延伸到非洲大陆北端与东非裂谷相接。向南绕澳大利亚东去，与太平洋中脊南端相邻，太平洋中脊偏向太平洋东部，向北延伸又进入北极区海域，整个大洋中脊构成了"W"形图案，成为全球性的大洋裂谷，

总长超过80 000 km。大洋裂谷中部多为隆起的海岭，比两侧海原高出2～3 km，故称其为大洋中脊，在海岭中央又多有宽20～30 km、深1～2 km的地堑，所以又称其为大洋裂谷。大洋内的火山就集中分布在大洋裂谷带上，人们称其为大洋中脊火山带。洋底岩石年龄测定表明，大洋裂谷形成较早，但张裂扩大和激烈活动是在中生代到新生代，尤其第四纪以来更为活跃，突出表现在火山活动上。

大洋中脊火山带火山的分布也是不均匀的，多集中于大西洋裂谷，北起格陵兰岛，经冰岛、亚速尔群岛至佛得角群岛，该段长达万余千米，海岭由玄武岩组成，是沿大洋裂谷火山喷发的产物。由于火山多为海底喷发，不易被人们发现，据有关资料记载，大西洋中脊仅有60余座活火山。冰岛位于大西洋中脊，冰岛上的火山我们可以直接观察到，有200多座，其中活火山30余座，人们称其为火山岛。根据地质学家（1960年）统计，在近1 000年内，发生了200多次火山喷发，平均5年喷发一次。著名的活火山有海克拉火山，从公元1104年以来有过20多次大的喷发。拉基火山1783年喷发时，从25 km长的裂缝里溢出的熔岩长度达12 km以上，熔岩流覆盖面积约565 km^2，熔岩流长达70 km，

造成了重大灾害。1963年冰岛南部海域的火山喷发（图3-3）一直延续到1967年，产生了一个新的岛屿——苏特赛火山岛。它高出海面约150 m，面积2.8 km²。6年之后，位于该岛东北32 km处的维斯特曼群岛的海迈岛火山又有一次较大的喷发。这些火山喷发反映了大西洋裂谷火山喷发的特点。

在太平洋中脊，于南纬6°～14°的太平洋东隆的轴部，新生代以来的裂隙喷发，形成了宽40～60 km、长800 km的玄武岩台地。该区域发现的活火山仅有14座，其活动强度与频度都不如大西洋裂谷火山带。

印度洋据查有3列走向近南北的海底山脉，即海岭，仅有部分火山出露海面而成火山岛屿，如塞舌尔群岛和马尔科林群岛，它们都是现代海底火山喷发形成的。

大洋中脊以外仅有一些零散火山分布，它们以火山岛屿的形式出现，如太平洋海底火山喷发形成的岛屿有夏威夷群岛，即通常所说的夏威夷-中途岛的火山链，有关岛、塞班岛、提尼安岛、贝劳群岛、俾斯麦群岛、所罗门群岛、新赫布里底群岛及萨摩亚群岛等。在大西洋，如圣赫勒拿岛、阿森松岛、特里斯坦-达库尼亚群岛也都是一些火山岛，南极洲罗斯海中的埃里伯斯火山也属该种类型。这些火山岛屿都由玄武岩构成，与大洋裂谷带内的火山岩基本相同。

▲ 图3-3 冰岛火山爆发

东非裂谷火山带

东非裂谷是大陆上的最大裂谷带，分为两支：裂谷带东支南起希雷河河口，经马拉维肖，向北纵贯东非高原中部和埃塞俄比亚中部，至红海北端，长约5 800 km，再往北与西亚的约旦河谷相接；西支南起马拉维湖西北端，经坦喀噶尼喀湖、基伍湖、爱德华湖、阿尔伯特湖，至阿伯特尼罗河谷，长约1 700 km。裂谷带一般深达1 000～2 000 m，宽30～300 km，形成一系列狭长而深陷的谷底和湖泊，如埃塞俄比亚高原东侧大裂谷带的阿萨尔湖，湖面在海平面以下150 m，是非洲陆地上的最低点。

自中生代裂谷形成以来，火山活动频繁，尤其晚新生代以来更为盛行。据统计，非洲有活火山30余座，多分布在裂谷的断裂附近，有的也分布在裂谷边缘百千米以外，如肯尼亚山、乞力马扎罗山和埃尔贡山，它们的喷发同裂谷活动也密切相关。东非裂谷火山带火山喷发的类型有两种，一种是裂隙式喷发，主要发生在埃塞俄比亚裂谷系两侧，形成了玄武岩熔岩高原（台地），占埃塞俄比亚全国面积的2/3，熔岩厚达4 000 m，它是30万～50万年以来上百次玄武岩浆沿裂隙溢流形成的。

在肯尼亚西北部，也形成了厚达1 000 m的熔岩台地，其形成时间晚于埃塞俄比亚的熔岩台地，形成于14万～23万年间，在更晚些时候形成的是响岩，在11万～13万年间形成了长达300 km的响岩熔岩台地。第二种是中心式喷发，多分布在裂谷带的边缘，主要的活火山有扎伊尔的尼拉贡戈山、尼亚马拉基拉山，肯尼亚的特列基火山，莫桑比克的兰埃山和埃塞俄比亚的埃特尔火山等。有的火山喷发只生成了爆裂火口，或成火口洼地，或是火口湖，如恩戈罗恩戈（坦桑尼亚）火口洼地。

现代火山活动中心集中在3个地区，一是乌干达–卢旺达–扎伊尔边界的西裂谷系，自1912～1977年就有过13次火山喷发，尼拉贡戈火山至今仍在活动；二是埃塞俄比亚阿费尔（阿曼）拗陷的埃尔塔火山和阿夫代拉火山，1960～1977年曾发生过多次喷发；三是坦桑尼亚纳特龙（坦桑尼亚）湖南部的格高雷裂谷上的伦盖（坦桑尼亚）火山，1954～1966年曾有过多次喷发，喷出岩为碳酸盐岩类，有较高含量的碳酸钠，为世界所罕见。位于肯尼图尔卡纳湖南端的特雷基火山在20世纪80～90年代间也曾多次喷发。在现代火山活动区，温泉广泛发育，火山喷气活动明显，多为水蒸气和含硫气体，这是火山现今的活动迹象。

阿尔卑斯-喜马拉雅火山带

阿尔卑斯-喜马拉雅火山带分布于横贯欧亚的纬向构造带内，西起比利牛斯岛，经阿尔卑斯山脉至喜马拉雅山，全长十余万千米。这一纬向构造带是南北挤压形成的纬向褶皱隆起带，主要形成于新生代第四纪。在该带，火山分布不均匀，纬向构造带的西段，由于南北挤压力的作用，在形成纬向构造隆起带的同时，形成了经向张裂和裂谷带，如其南侧的纵贯南北的东非裂谷系，顺两构造带过渡段，因断陷而形成了内陆海如地中海、红海和亚丁湾等。这里的火山活动也别具特色，出现了众多世界著名的火山，如意大利的维苏威火山、埃特纳火山、乌尔卡诺火山和斯特隆博利火山等，爱琴海内的一些岛屿也是火山岛，活动性强，据记载的火山喷发就有130多次，爆发强度大，特征典型，世界火山喷发类型就是以此火山活动来命名的，岩性属于钙碱性系列，以安山岩和玄武岩为主。中段火山活动表现微弱，在东段喜马拉雅山北麓火山活动又加强，在隆起和地块的边缘分布着若干火山群，如麻克哈错火山群、卡尔达西火山群、涌波错火山群、乌兰拉湖火山群、可可西里火山群和腾冲火山群等，共有火山100多座，其中，中国的卡尔达西火山和可可西里火山分别在20世纪50年代和70年代有过喷发，岩性为安山岩和碱性玄武岩类。

世界十大著名火山

世界十大著名火山中分布在亚洲地区的有4座，分别为富士山火山、喀拉喀托火山、皮纳图博火山和阿苏山；分布在非洲地区的仅有尼拉贡戈火山；分布在欧洲地区的有两座，分别为埃特纳火山和维苏威火山；分布在美洲地区的有3座，分别为圣·海伦火山、基拉韦厄火山和鲁伊斯火山。

日本富士山

富士山（图3-4）位于东京西南方约80 km，横跨静冈县和山梨县，接近太平

△ 图3-4　日本富士山

洋岸，是第四纪形成的复合火山。富士山海拔3 775.63 m，是日本国内的最高峰；体积约870 km³，是世界上最大的活火山之一。

富士山形成于距今约1万年前，在地壳运动作用下，由伊豆半岛与本州岛激烈碰撞隆起而形成。山顶为直径约800 m、深度约200 m的火山口，鸟瞰犹如一朵美丽的莲花。

富士山是典型的成层火山，从形状上来说属于标准的锥状火山，具有独特的优美轮廓。至今为止，富士山在山体形成过程中，大致可以分为四个阶段：先小御岳、小御岳、古富士、新富士，其中先小御岳年代最为久远。2004年东京大学地震研究所经过调查发现，在小御岳下发现了年代更为久远的山体，即为"先小御岳"。

古富士是从8万年前左右开始直到1万5千年前左右持续喷发的火山灰等物质沉降后形成的，其高度接近标高3 000 m。据估计，富士山的山顶位于宝永火山口北侧1～2 km处。

距今大约1万1千年前，古富士的山顶西侧开始喷发出大量熔岩。这些熔岩形成了富士山主体新富士。此后，古富士与新富士的山顶东西并列。2 500～2 800年前，古富士的山顶部分由于风化作用而发生了大规模的山崩，最终只剩下新富士的山顶。

距今1万1千年前到8千年前的3 000年间，新富士山顶仍在不断喷发出熔岩。此后，山顶部没有新的喷发，但长尾山和宝永山等侧火山仍有断断续续的喷发活动。

史上关于喷发的文字记载有公元800～802年（日本延历十九～二十一年）的延历喷发以及公元864年（日本贞观六年）的贞观喷发。富士山最后一次喷发是在1707年（日本宝永四年），这次的浓烟到达了大气中的平流层，在当时的江户（即东京）落下的火山灰堆积有4 cm厚。富士山现在仍不断观测到火山性的地震和喷烟，一般认为今后仍存在喷发的可能性。

印度尼西亚喀拉喀托火山

印度尼西亚的喀拉喀托火山（图3-5）位于爪哇岛和苏门答腊岛之间的异他海峡，是拉卡塔岛附近的一座活火山。喀拉喀托火山位于印度-澳大利亚板块和欧亚大陆板块的会合处，处于一条频繁的火山和地震活动带中。在过去百万年以内的某个时候，这座火山形成了一座由火山熔岩流构成的圆锥形山体，交叠铺垫着火山渣层和火山灰层。喀拉喀托火山在历史上持续不断地喷发，最著名的一次是1883年等级为VEI-6的大爆发，释放出250亿 m³的物质，远在澳大利亚都能够听到这次喷发的剧烈声响，是人类历史上最大的火山喷发之一。这次喷发以及继发的海啸摧毁了数百个村庄和城市，3万多人死于非命。原有的喀拉喀托火山的2/3在爆发中消失，新的火山活动自1927年又产生了一个不断成长的火山岛。现在海拔813 m，水上面积10.5 km²，被命名为"阿纳喀拉喀托"，意思是喀拉喀托火山的孩子。此后，喀拉喀托火山在1935年、1941年又多次喷发。20世纪50～70年代仍有喷发活动，平时多冒蒸气。20世纪70年代起，喀拉喀托火山供旅游、体育及科研工作者登山观察。

菲律宾皮纳图博火山

皮纳图博火山（图3-6）位于菲律宾吕宋岛，东经120.35°，北纬15.13°，海拔1 486 m，属于层状火山。1991年前，皮纳图博火山并不知名，在当地没有人经历过火山喷发，也未发现关于该火山喷发的历史记录，地质学家对皮纳图博火山的沉积碎屑进行年龄测探，其中最年轻的为1 450±50年。根据上述年龄，菲律宾火山地震研究所把皮纳图博火山划为活火山。1991年6月15日的爆炸式大喷发是20世纪世界上最大的火山喷发之一，喷出了大量火山灰和火山碎屑流。火山喷发使山峰的高度大约降低了300 m。此次火山喷发规模是1980年圣·海伦火山的10倍。

菲律宾火山地震研究所和美国地质调查局的火山学家对皮纳图博火山的爆发作出了预测，从而挽救了成千上万人的生命，然而猛烈的火山喷发还是造成了1 202人死亡和50亿比索损失。

图3-5 喷发中的喀拉喀托火山

图3-6 皮纳图博火山

日本阿苏山

阿苏山（图3-7）是日本著名活火山。位于九州岛熊本县东北部，九州岛的中央，北纬32.88°，东经131.10°，海拔592 m。阿苏山是横跨熊本县和大分县的阿苏国立公园的中心，周围分布着7个村镇及阿苏五岳。阿苏五岳的中心就是现在仍间歇喷火的中岳。阿苏山为世界上少有的活火山，以具有大型破火山口的复式火山闻名于世，也是熊本"火之国"美称的由来，是旅居交流型温泉胜地。

阿苏山略呈椭圆形，由中岳、高岳、杵岛岳、乌帽子岳、根子岳5座火山组成，并形成中央火口丘群，合称为"阿苏五岳"，东西宽约18 km，南北长约24 km，面积约250 km^2。由北端的大观峰向南望去有绝佳的视野，可以一览五座外形完整的火山锥，相当壮观。

高岳最高，海拔1 592 m。中岳位于大火山口中央，是正在活动着的活火山，其喷火口南北长约1 100 m，东西宽约400 m，火口深达160 m，有7个喷火孔，西北面的第一喷火孔目前正在冒着浓烟，为一大火山奇观，现仍有火山活动。阿苏山大破火山口的外轮山海拔约

1 000 m，相对高度南部为400～800 m，北部为300～450 m。外轮山内侧多悬崖陡壁，熔岩裸露，层次分明；外侧地势缓倾，向四周逐渐扩展，形成波状高原，多为牧场、林地和旱田，仅河谷低处可种植水稻，登上外轮山北侧的大观峰可眺望阿苏山全景。

阿苏山地处东西走向的白山火山带和南北走向的雾岛火山带的会合点，由中新统－更新统安山岩和流纹岩等组成，在距今30万～9万年前形成了日本最大的破

火山口。

9万年前阿苏火山群结束猛烈喷发后，火山熔岩覆盖整个区域，在众多的层状火山和火山渣锥中只有中岳的火山活动有历史记载。日本第一次有文字记载的火山爆发是在中岳（图3-8），爆发时间为公元553年。从那以后，中岳已经爆发了167次。中岳火山口直径600 m、深度130 m。滚烫的熔岩温度高达1 000 ℃，火山口周围寸草不生，与周边高原一片葱绿形成强烈对比。

◀ 图3-7 阿苏山火山口

◀ 图3-8 正在喷发的阿苏山

刚果（金）尼拉贡戈火山

尼拉贡戈火山（图3-9、图3-10）是非洲最著名的火山之一，位于刚果（金）北基伍省省会戈马市以北约10 km处，南纬1° 31′ 20″，东经29° 14′ 58″，海拔3 469 m，是非洲中部维龙加火山群中的活火山，也是非洲最危险的火山之一。尼拉贡戈火山口直径2 000 m，深244 m，底部有熔岩平台和熔岩湖。

尼拉贡戈火山在山顶火山口内有一个活动的熔岩湖。与其周围低平的盾状火山不同，尼拉贡戈火山为具有陡坡的层状火山。两个更老的火山Baruta和Shaheru，在南部和北部被尼拉贡戈火山部分覆盖。大约100座寄生锥分布在主要沿Shaheru放射状裂隙的南部，山顶的东部，以及沿北东-南西带扩展到基伍湖的地区。许多火山锥都被侧向溢流的熔岩流埋葬了，上一次溢流从东向裂隙南部扩展到戈马附近4 km以内地区。

尼拉贡戈火山在过去的150年间，已经喷发了50多次。1948年、1972年、1975年、1977年、1986年、2002年，尼拉贡戈火山都发生过猛烈喷发。其中，1977年1月的火山喷发在近半小时内共造成约2 000人死亡。

△ 图3-9 尼拉贡戈火山

△ 图3-10 尼拉贡戈火山口近景

意大利埃特纳火山

埃特纳火山（图3-11、图3-12）是欧洲最高的活火山，位于意大利的西西里岛东岸，南距卡塔尼亚29 km。周长约160 km，喷发物质覆盖面积达1 165 km²。主要喷火口海拔3 323 m，直径500 m；常年积雪。周围有200多个较小的火山锥，在剧烈活动期间，常流出大量熔岩。海拔1 300 m以上有林带与灌木丛，500 m以下栽有葡萄和柑橘等果树。山麓堆积有火山灰和熔岩，有集约化的农业。埃特纳火山位于地中海火山带，是亚欧板块与非洲板块交界处。火山周围是西西里岛人口最稠密的地区。地质构造下层为古老的砂岩和石灰岩，上层为海成泥炭岩和黏土。

埃特纳火山下部是一个巨大的盾形火山，上部为300 m高的火山渣锥，说明在其活动历史上喷发方式发生了变化。由于埃特纳火山处在几组断裂的交会部位，一直活动频繁，是有史记载以来喷发历史最为悠久的火山，其喷发史可以上溯到公

图3-11　爆发中的埃特纳火山

图3-12　埃特纳火山喷发柱

元前1500年。埃特纳火山一直处于活动状态，距火山几千米远就能看到火山上不断喷出的气体呈黄色和白色的烟雾状，并伴有蒸气喷发的爆炸声。

有文献记载的埃特纳火山爆发有500多次，它被称为世界上喷发次数最多的火山。它第一次有记载的爆发是在公元前475年，距今已有2 400多年的历史。而最猛烈的爆发则是在公元1669年，持续了4个月之久。其后的2012年、2013年，埃特纳火山还发生过数次的喷发。由于意大利的火山活动频繁，相应地，其监测研究水平在世界上也处于前列，仅西西里岛就有4个火山监测站，离埃特纳火山4 km远的地方设有录像系统，数据通过无线方式传输到中心台站，每天监测人员都要进行数据处理、分析，严密监视3个火山口的活动情况。

意大利维苏威火山

维苏威火山（图3-13）位于意大利南部那不勒斯湾东海岸，海拔1 281 m，是意大利西南部的一座活火山，也是欧洲大陆唯一的活火山。

地处欧亚板块、印度洋板块和非洲板块边缘的维苏威火山，在各板块的漂移和相互撞击挤压下，在2.5万年前爆发形成。当时欧洲处于冰河时期，气候干冷、土地贫瘠、林木稀少，只有大片耐寒草原。随着欧洲气候的变暖，加上这里肥沃的火山灰，使得火山周边成为植被茂密的富庶之地。维苏威火山最早形成于地质史上的更新世晚期，可称为比较年轻的火山，多少世纪来一直处在休眠中，曾一度沉寂为休眠火山。

我们称作"维苏威火山"的部分是该山比较新的一部分，而地质学家们称它为"更大的维苏威"。该山年代更古老的部分已经是一座死火山了，被称作Monte Somma。

维苏威火山在公元79年的一次猛烈喷发，18个小时内摧毁了古罗马帝国最为繁华的庞贝城，比庞贝城更接近的赫库兰尼姆城，也在同一时间被埋没。直到18

——地学知识窗——

维苏威火山与角斗士起义

公元72年，著名的角斗士起义时，统帅斯巴达克率领起义的角斗士们占领维苏威火山，利用维苏威火山山势险峻、易守难攻的特点，安营扎寨，发展壮大。

△ 图3-13　维苏威火山

世纪中叶，考古学家才将庞贝古城从数米厚的火山灰中发掘出来，发掘出的古老建筑和姿态各异的尸体都保存完好（图3-14）。这一史实已为世人熟知，庞贝古城也因此成为意大利的旅游胜地。

在过去的500年里，维苏威火山多次爆发，熔岩、火山灰、碎屑流、泥石流和致命气体夺去的生命不计其数。

△ 图3-14　被火山灰覆盖的庞贝古城死者遗骸

美国圣·海伦火山

圣·海伦火山（图3–15）是北美洲近期喷发的活火山，位于美国西北部华盛顿州，北纬46°11′，西经122°11′，海拔2 549 m，属喀斯喀特山脉。在喀斯喀特山脉的众多火山中，圣·海伦火山是一座相对年轻的火山，大约在30万年前形成。

圣·海伦火山早期爆发的时期是

图3–15　圣·海伦火山

距今27.5万～3.5万年前的"猿猴峡谷时期"，然后是距今2.8万～1.8万年前的"美洲狮时期"和距今1.6万～1.28万年前的"雨燕溪时期"。现代时期被称作"灵湖时期"，约3 900年前开始至今，灵湖时期以前的时期被统称为祖先时期。祖先时期与现代时期的主要区别在于喷发岩浆的构成成分。祖先时期的岩浆岩主要为英安岩和安山岩，而现代时期形成的岩浆岩更多样，包含橄榄岩、玄武岩、英安岩和安山岩等等。

在1980年喷发前，圣·海伦火山形状匀称，山顶布满积雪，很像日本的富士山，故被称为"美国的富士山"，吸引了众多旅游者。

圣·海伦火山在休眠123年后于1980年突然复活。从1980年至今，圣·海伦火山的活动持续不断。从1989年12月7日到1990年1月6日，以及1990年11月5日到1991年2月14日，2004年、2005年、2006年，火山都发生爆发，有时还伴有火山灰形成的巨大云团。高高的火山口经常会喷出浓浓的烟雾，站在火山附近还可以感到大地在微微颤动，地质学家将此称作"火山的低水平爆发"。

美国基拉韦厄火山

基拉韦厄火山（图3-16）位于美国夏威夷岛中南部的美国夏威夷火山国家公园，北纬19.43°，西经155.29°，海拔1 222 m，它是世界上最大和最壮观的火山口之一，从1983年至今就没有停止过喷发。

夏威夷岛位于太平洋构造板块中部的"活跃区"，由5座火山组成，其中，基拉韦厄火山是世界上最年轻也是最活跃的一座火山。每天几乎都有数十万立方米岩浆从岛上的火山口内喷出。

基拉韦厄火山，海拔约1 280 m，还有5 km多隐藏在海平面以下，山顶有一个巨大的破火山口，直径4 027 m，深130余米，其中包含许多火山口。整个火山口好像是一个大锅，大锅中又套着许多小锅（火山口）。在破火山口的西南角有个翻腾着炽热熔岩的火山口，直径约1 000 m，深约400 m。

基拉韦厄火山曾长期存在着世界上最大的岩浆湖，面积达10万 m^2，通红炽热的岩浆深达十几米。在湖的边缘部分，经常产生暗红色的橘皮，橘皮有时破裂后再倾倒沉入白热的岩浆中去。湖面上还不时出现高几米的岩浆喷泉，喷溅着五彩缤纷的火花。其中的熔岩，有时向上喷射，形成喷泉，有时溢出火山口外，形如瀑布，当地土著人称它为"哈里摩摩"，意为"永恒火焰之家"。

▲ 图3-16　基拉韦厄火山喷发

基拉韦厄火山是活动力旺盛的活火山，至今仍经常喷发。它平均每秒钟会喷溢出近4 m³的熔岩，熔岩的温度可高达1 500 ℃以上，足以熔化岩石。

哥伦比亚鲁伊斯火山

鲁伊斯火山（图3-17）位于南美洲哥伦比亚的托利马省境内的阿美罗地区，北纬4.895°，西经75.323°，海拔5 321 m，是安第斯山中央山系内的一座活火山。

从1595年到1985年的390年间，鲁伊斯火山已有两次大喷发的记录，第一次发生在1595年，第二次发生在1845年。1595年的大爆发波及的范围从哥伦比亚中部北至巴拿马南界地方。而1845年那次火山喷发，阻塞了河道，填平了山川，毁掉了一个名叫安巴莱马的城镇，吞噬了1 000多人的性命。经过这次狂烈的喷发之后，鲁伊斯火山似乎发泄完毕，从此停息下来，山顶也被积雪覆盖，火山变成了"雪山"。火山喷发出的2.5亿 t泥石，随着斗转星移，岁月更替，上面覆盖了厚厚的一层沃土。

许多地理学家认为，鲁伊斯火山已成为死火山，不会有任何"举动"了。但1985年，鲁伊斯火山再次凶猛地喷发了，只过了短短的8 min，泥石流就吞没了阿美罗，一个原本充满生机的小镇瞬间在地球上消失得无影无踪，那里的20 000多居民也在这一瞬间成为大自然的牺牲品，幸存者寥寥无几。

图3-17 鲁伊斯火山

中国火山

中国火山知多少

　　从中新世到更新世的2 000多万年的地质历史中，中国多火山喷发，那时该区域尤其是东北地区的火山喷发，并不亚于日本岛。

　　近代中国火山活动也非常频繁（表3-1）。1951年5月27日，新疆于田县南部克里亚河源头发生了一次火山活动，随着隆隆的巨响、乱石飞溅、浓烟四起，弥漫的火山灰顷刻间遮住了天日，一座新生的火山——卡尔达西火山诞生了。火山高达145 m，全由褐黑色安山岩-玄武岩熔岩组成，火山口呈圆筒状，深56 m。这也是近年来中国大陆上最大规模的火山活动。

　　地质学家把中国的火山分布和火山活动划分为两大区域：一个是沿我国东部的大陆边缘，那里形成数以百计的火山群和火山锥，它们构成了环太平洋火山链的一部分；另一个区域是青藏高原及其周边地区的火山群。在我国东部大陆边缘区域内火山分布及火山活动十分普遍，如著名的黑龙江五大连池、镜泊湖；吉林的长白山、龙岗；内蒙古的哈拉哈、汉诺坝；山西的大同；山东的蓬莱；江苏的六合；安徽的嘉山；福建的明溪；台湾的基隆；广东的雷州；海南的琼北；云南的腾冲等。青藏高原地区，不同规模的火山活动更为多见。

　　中国的火山活动多呈中心式喷发，通常可以形成截顶圆锥状的火山，地质学家称之为火山锥。据记载，五大连池、长白山、台湾、腾冲、西昆仑等地区400年间都有过火山喷发，长白山可查到的历史喷发记录就有3次以上，火山锥这种奇特地形在这些地区都有出现。这些火山锥的相对高度在70～220 m之间，锥体直径400～1 000 m，由熔岩、浮岩及火山碎屑物等组成。岩浆自火山口喷出后逐渐冷却凝固为熔岩台地，以五大连池最为典型。熔岩体堵塞河流时便形成堰塞湖，其中，

表3-1 　　　　　　　　　中国近代火山喷发统计表

火山	地点	纬度（北）	经度（东）	喷发时间（公元）	注释
綮哈颜	黑龙江省呼玛	51° 35′	126° 35′	1796、1820	据《黑龙江外纪》《龙沙纪略》
火烧山	五大连池	48° 43′	126° 07′	1719、1721	据《黑龙江外纪》《宁古塔纪略》
老黑山	五大连池	48° 40′	126° 15′	1719、1721	据《黑龙江外纪》《宁古塔纪略》
牡丹峰	镜泊湖西地下森林	44° 00′	128° 45′	距今5 140年	盛中方等，1983
四海	吉林省靖宇	42° 40′	126° 33′	距今1 580年（^{14}C）	刘祥，1989
白头山	吉林省安图	41° 31′ ~ 42° 28′	127° 09′ ~ 128° 55′	1410、1193、1120、1050（^{14}C）	崔钟燮，1993
彭佳屿	台湾省北	25° 38′	122° 05′	1916、1922	张克昌，1986
龟山屿	台湾省北	24° 51′	121° 56′	1795	
花莲	台湾省东海中	24° 00′	121° 50′	1853、1854	Tom Simkin等，1981
打鹰山	云南省腾冲	25° 07′	98° 32′	1609（？）	《徐霞客游记》《永昌府志》《云南地震志》
阿什	西昆仑山	35° 42′	81° 35′	1951/05/27	刘嘉麒，1990
可可西里	可可西里湖附近	35° 51′	91° 42′	1973/07/16	Tom Simkin等，1981

（据刘嘉麒，1995）

——地学知识窗——

火山博物馆——黑龙江五大连池火山

黑龙江省五大连池现在还保留着完好的火山喷发时的壮观遗迹，有"火山公园""天然火山博物馆"的美誉。它是火山地质科学考察和研究的基地。火山最后一次喷发发生在1719~1721年间，火山熔岩堵塞了当时的河流，形成了5个串珠样的自然湖泊——火山堰塞湖，所以称为"五大连池"。

镜泊湖是中国最大的火山堰塞湖。长白山是中国最大的层状复式火山。中国最大的火山群在龙岗，那里有大小不同的火山锥72座。我国西部一些地区的火山喷发类似于夏威夷式，那里缺少明显的火山锥，在广阔的熔岩台地上常形成许多低于地表的锅状火山口，熔岩体围绕火山口周围分布。

黑龙江五大连池火山

五大连池火山（图3-18）位于黑龙江省北部地区，地处中高纬度，东临小兴安岭，西濒松嫩平原。五大连池火山群是中国著名的第四纪火山群，由14座火山组成，火山岩分布面积达800多km^2。五大连池火山群的形成距今已有近70万年，大约在地质年代的更新世晚期、第四纪早期，这一地区的火山猛烈爆发，岩浆大量

流溢。以后经过长期的、不断的地质作用，一座座形态别致的火山渐渐形成。1719~1721年这一地区又发生了一次火山运动，是我国有历史记载、喷发时间和地点最为确切的一次喷发。

在数百平方千米的范围内分布着14座新老火山、5个串珠状火山堰塞湖（五大连池）、60多km^{2}的"石龙"（玄武岩台地）及多处矿泉。14座火山沿北东方向呈东、西两组有规则地排列，每组7座火山锥。东组有莫拉布山、东焦得布山、西焦得布山、东龙门山、西龙门山、尾山、小孤山；西组有南格拉球山、北格拉球山、卧虎山、笔架山、老黑山、火烧山、药泉山（图3-19）。每座火山锥均坐落在北西方向和北东方向线段的交叉点上，两组不同方向的连线构成几个"井"字。其中，东组的东焦得布山和西焦得布山、

▲ 图3-18　五大连池火山

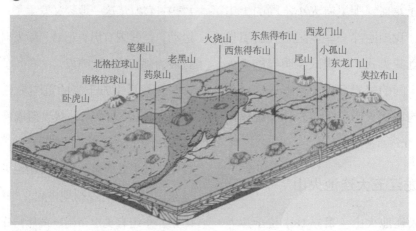

▲ 图3-19　五大连池火山分布图

东龙门山和西龙门山成对排列，体量、形态、高低均十分相似；而西组的南格拉球山和北格拉球山，前者十分高大，列14座火山锥之首，后者非常矮小。火山口虽均已风化，但仍保持原始形态，多数呈椭圆形，直径在230～250 m之间。南格拉球山火山口最大，直径达500余米。火山口深度不同，老黑山最深，达136 m；卧虎山最浅，仅10 m。

五大连池火山群因保存了这样完整、典型、壮观的火山地貌，被誉为"火山博物馆"，今已成为中国第一个火山自然保护区，既是旅游者欣赏各种美妙火山风光的景区，也是火山地质科学研究和教学实习的天然基地。

黑龙江镜泊湖火山

镜泊湖火山（图3-20）位于黑龙江省东南部张广才岭与老爷岭之间，距牡丹江市区约110 km。镜泊湖火山是休眠火山。据放射性碳测年代，镜泊湖火山曾有过3次爆发，分别是公元前500年、公元前1500年和公元前3500年前。其中，公元前3500年前的那次喷发规模最大，喷射熔岩流覆盖500 km²，阻塞了滔滔奔腾的牡丹江水，冷却后的岩浆堆积在牡丹江河道上，像一座大坝一样把牡丹江拦腰截断了，坝上游河段便形成了火山堰塞湖——镜泊湖。

镜泊湖以其别具一格的湖光山色和朴素无华的自然之美著称于世，1982年被国务院批准为国家首批44个重点风景名胜区之一。镜泊湖分为北湖、中湖、南湖和上湖4个湖区，由西南向东北走向，蜿蜒曲折呈S状。吊水楼瀑布、珍珠门、大孤山、小孤山、白石砬子、城墙砬子、道士山和老鸹砬子是镜泊湖中著名的八大景观，犹如8颗光彩照人的珍珠镶嵌在万绿丛中。在八大景观中，以吊水楼瀑布最为著名，它酷似闻名世界的尼亚加拉大瀑布，一般幅宽超过40 m，落差为12 m。雨季或汛期，瀑布呈现两股或数股叠落，总幅宽超过200 m，有着"疑似银河落九天"的壮观气势。冬季枯水期，瀑布不见了，却可以观看到另一番景致。在熔岩床上，游人可发现熔岩块上有许多被常年流

▼ 图3-20　镜泊湖

水冲击、磨蚀而形成的大小深浅不等的溶洞，这些溶洞犹如人工凿琢般光滑圆润，十分别致。镜泊湖不仅风光旖旎，而且物产丰富。镜泊湖是个天然的大水库，蕴藏量16亿 m^3，已建成两座采用压力隧道引水的发电站，被誉为"地下明珠"。湖区水域还盛产鲤鱼、红尾鱼等40多种鱼类。湖区森林面积6 000 km^2，山产品种类繁多，有山葡萄、松子、猴头蘑等。

吉林长白山天池火山

长白山天池（图3-21）坐落在吉林省东南部，是中国和朝鲜的界湖，湖的北部在我国吉林省境内。长白山天池是个火山口湖，当火山爆发喷射出大量熔岩之后，火山口处形成盆状，时间一长，积水成湖，便成了现在的天池。而火山喷发出来的熔岩物质则堆积在火山口周围，成了屹立在四周的16座山峰，其中，7座在朝鲜境内，9座在我国境内，这9座山峰各具特点，形成奇异的景观。

长白山天池火山是目前我国保存最为完整的新生代多成因复合火山。天池火山的火山活动经历了造盾（2.77～1.203 Ma，早更新世）、造锥（1.12～0.04 Ma，中—晚更新世）和全新世喷发三个发展阶段，三个阶段的岩浆成分以"玄武质→粗面质→碱流质"代表其演化过程。长白山地区有多次火山喷发的史料记载，关于1668年和1702年两次天池火山喷发的

图3-21 长白山天池

记载是可信的。通过火山地质学和精细的 ^{14}C 年代学研究，全新世以来天池火山至少有两次（公元1199年和约5000年前）大规模喷发。公元1199~1201年天池火山大喷发是全球近2 000年来最大的一次火山喷发事件，当时喷出的火山灰最远降落到日本海及日本北部。

天池虽然在群峰环抱之中，海拔只有2 194 m，但却是我国最高的火口湖。它大体上呈椭圆形，南北长4.85 km，东西宽3.35 km，面积9.82 km²，周长13.1 km，平均水深为204 m，最深处373 m，是我国最深的湖泊，总蓄水量约达20亿 m³。冬季冰层一般厚1.2 m，结冰期长达六七个月。不过，天池内还有温泉多处，形成几条温泉带，长150 m，宽30~40 m，水温常年保持在42℃，隆冬时节热气腾腾，冰消雪融，故有人又将天池称作温凉泊。

长白山天池火山是一个休眠的活火山，虽然休眠了300年，但世界上休眠数百年再次喷发的火山并不少见。地球物理探测表明，长白山天池下方有地壳岩浆房存在的迹象，具有再次喷发的危险，其喷发形式为爆炸式，由于天池20亿 m³水的存在，喷发将具有更大的破坏性。1997年，国家"九五"重点项目"中国近代若干活动火山的监测与研究"启动，国家地震局、吉林省地震局在长白山天池建立了火山监测站，开始了对长白山天池火山区的监测和研究工作，结束了对天池火山不设防的局面。从目前的观测结果看，尚没有发现天池火山复苏的征兆，人们可放心地享用大自然赐予长白山天池的丰富资源和优美景观。

吉林龙岗火山群

龙岗火山群（图3-22）是吉林省辉南县、靖宇县和抚松县境内的一个火山群，在2 000 km²的面积上分布着260多个火山锥，是我国境内火山锥密度最高的火山群。火山锥的高度在200~400 m之间，星罗棋布的低矮火山锥显示了高密度、多中心爆炸式喷发的特点。经测定，火山活动始于新近纪，第四纪更新世为鼎盛期，全新世以来仍有较强的喷发活动，是中国近代活动火山区之一。虽然

▲ 图3-22 龙岗火山群

该火山群目前处于休眠状态，但理论上依然有恢复活动的可能性。

大约20万年前，这里密布火山爆发后形成的众多火山口湖，平均水深50 m左右，最深处达100 m，湖水碧蓝如玉，形态景致各异，似颗颗明珠散落在崇山峻岭之间。其数量之多、分布之集中、形态之迥异及保存程度之完整，居国内首位。1992年这个火山群的部分地区被设立为龙湾群国家森林公园。据初步认证，龙湾群是目前国内发现的最大的火山口湖群，被誉为"长白山小天池"。

台湾岛大屯火山和龟山岛火山

大屯火山群（图3-23）位于台湾岛北部，南起台北盆地北缘，北至富贵角海岸，东至基隆市西，西抵淡水河口南岸观音山一带，面积430 km²，是中国重要的火山群之一。大屯火山群与北投温泉、士林、阳明山构成了台湾北部著名风景区。

大屯火山群由七星山、大屯山、竹子山、观音山等20座火山组成，是中国火山最密集的地区。大屯火山群中的大部分火山都是锥形火山，七星山是这类火山的代表；第二类是钟形火山，它是由黏度大、流动慢的熔岩堆积而成的。因为熔岩流动缓慢，所以堆积较为低缓，火山外形似钟状，位于大屯山南侧的面天山是这类火山的代表。

大屯山居于群山之中，海拔1 000多 m，顶上呈漏斗状的火山口直径约360 m，深约60 m。火山口雨季积水成湖，称为"天

图3-23　大屯火山群

池"。在大屯山东南有座更大更高的火山，顶上有7座小峰，如七仙女下凡，亭亭玉立，故名七星山，它是大屯火山群中最新的火山，山顶上巨大的爆裂火口仍不断吐出硫气浓烟。在大屯山和七星山之间，还有座小观音山，顶上火山口直径有1 200 m，深300 m，是大屯火山群中最大的火山口。大屯火山群是台湾火山地形保存最完整的地区，它像一部地质百科全书，记录了台湾数百万年来大自然的沧桑变迁。

大屯火山群形成于280万～20万年前之间，属于比较年轻的火山群。我国台湾省位于欧亚大陆板块和菲律宾海板块的交接处，这两大板块曾经发生剧烈的推挤，地质学称之为板块隐没带。280万年前，大屯火山区正好处于板块隐没带上方，岩浆顺着断裂的缝隙喷涌出来，形成了惊天动地的火山爆发。这一地区的火山爆发持续了200多万年，直到20万年前才停止，共造出20座火山，形成了范围广大、地形变化丰富的大屯火山群。

大屯火山区中的活动硫气孔及温泉甚多，有名的就有16处，还有一些无名的温泉，且地表温度可达100 ℃左右，构成本区天然硫产地和旅游点。阳明山等地强烈的喷气活动和地表的泉华足以证明大屯火山区水热活动的强度。

大屯火山群的活动性在近年来普遍受到火山与地球物理学家的关注。近年的火山沉积物调查发现，大屯火山群于最近的两万年中仍有持续活动的迹象。目前已知的最后一次活动很可能在5 000年前，已符合国际火山学会的"活火山"定义，并非休眠火山。与此同时，关于火山气体的调查亦显示大屯火山深部的岩浆库仍旧存在，该地区的地震活动亦显示出明显的热液或岩浆活动信号。因此，2011年阳明山公园管理处建置了"火山爆发预警系统"，以严密观测大屯火山的活动，并作为研究、教学用平台。

台湾岛北部宜兰东北约20 km的龟山岛火山，位于琉球火山岛弧的西缘，主要由安山质火山岩组成。岛上的火山地形保存得相当完整，后火山活动的硫黄喷气及温泉活动也相当剧烈。采集到的位于较下部安山岩角砾中含有捕获的石英砂岩块，用石英热释光测年法测定距今约7 000年，表明安山岩喷发年代距今约7 000年，因在火山角砾岩之上还有熔岩流分布，故龟山岛火山最近的一次喷发可能小于7 000年（宋圣荣，2000）。

海南琼北火山

雷琼地区是华南沿海新生代火山岩中分布面积最大的，火山活动始于早第三纪，延续至全新世。火山岩面积达7 300 km²，可辨认的火山口共计177座，海拔均低于300 m。海南岛北部（琼北）第四纪火山区的石山、永兴一带大小30几个火山口明显地呈北西方向排列，形成典型的中心式火山群，是琼北最新期火山。这里的火山锥体保存完好，火山口轮廓清晰，熔岩流边界明显可辨，裸露于地表的各种火山喷发物，如火山渣、火山弹和熔岩流的流动构造都保存极好（图3-24）。

海南岛北部（琼北）地区自新生代以来，计有10期59回的火山喷发活动，是中国历史上火山活动最强烈、最频繁以及持续时间最长的地区之一。

马鞍岭火山位于海口市西部的石山镇境内，组成这座山岭的两个火山口，前峰高些，后峰低些，两峰腰间相接，远视酷似马背上的鞍子，故得名"马鞍岭"。马鞍岭火山口是距今2.7万～100万年间火山爆发时火山口群中最大的一个，也是世界上最完整的死火山口之一。马鞍岭火山北峰海拔222.2 m，南峰海拔186.75 m，四周分布着大小30多座拔地而起的孤山，它们都是火山爆发形成的火山口或火山锥，与马鞍岭遥相呼应，构成以马鞍岭为中心群峰锥立的奇特景观。邻近火山口的地下有72个火山岩洞，其中，卧龙洞、仙人洞盛名悠久。景区内有火山神道、岩石

图3-24　琼北火山

环廊、熔岩流、奇特的结壳熔岩、神秘的火山口、火山岩石器等丰富的地质人文景观，展现了火山的无穷魅力。马鞍岭火山不仅是海南石山火山群地质公园内的最高山，也是海口市周边的最高山。在晴空万里的日子里，登马鞍岭火山，近见高楼林立，如孔雀开屏；远望碧海蓝天，渔帆点点，一派迷人的南岛风光，使人心旷神怡。

新疆阿什库勒火山

阿什库勒火山群（图3-25）位于新疆于田县以南约120 km的青藏高原西北缘的西昆仑山，由十余座主火山和数十个子火山组成，包括西山、阿什山、大黑山、乌鲁克山、迷宫山、月牙山、牦牛山、黑龙山、马蹄山、东山和椅子山等。这些火山几乎均为中心式喷发，形成圆锥状或平顶圆锥状火山锥，绝大多数火山是第四纪形成的，最近的一次为1951年5月27日阿什火山喷发（刘嘉麒和买买提依明，1990）。据《新疆日报》1951年7月5日报道："在于田县苏巴什以南，昆仑大坂西沟一带，5月27日上午9时50分发生火山爆发。第一次爆发时只见一个山头上发出轰隆巨响，接着烟灰像一条大圆柱似的自山顶冒出。接着又连续爆发了3次，每次只

隔几分钟，未发出巨响，只有烟灰上冒。以后几天又看到火山冒烟……"这也是新中国成立之后第一次关于火山喷发的报道。根据报道和有关的考察意见，此次火山喷发属爆炸式喷发，无熔岩溢出。

云南腾冲火山

腾冲地处欧亚大陆板块与印度大陆板块交汇处，地壳运动活跃，带来频繁地震，剧烈地震又引发火山爆发（图3-26）。

腾冲火山区是我国最著名的火山密集区之一，有民谚云："好个腾越州，十山九无头。"这无头的山十有八九是火山。据统计，腾冲共有休眠期火山97座，它们犹如一颗颗璀璨明珠零星散落在大地上。这些火山有穹状火山、截顶圆锥状火山、盾状火山、低平马尔式火山等类型，其中，有23座火山的火山口保存较完整，这使腾冲火山以类型齐全、规模宏大、分布集中、保存较完整而著称于世，腾冲也因此被誉为"天然火山地质博物馆"（图3-27）。其中，大空山、小空山、黑山三个火山锥口径均为300～400 m，深达数十米，自北向南呈一字形排列，间距1 000 m左右。山顶火山口呈铁锅形，所以被当地人称为"空山"。放重脚步走时

🔺 图3-25　阿什库勒火山群

🔺 图3-26　云南腾冲火山群

🔺 图3-27　腾冲火山口、柱状节理

就可听到咚咚的回音，有地动山摇之感。周围还有几座火山，外貌相似，风光各异。昔日气势雄伟的火山如今成为熔岩流凝成的石山，幽静而神秘。

根据火山地质、地貌、岩浆演化和水热活动特点，一般都把黑空山、打鹰山、马鞍山作为全新世火山。徐霞客记载了1609年打鹰山火山喷发。李根源《烈遗山记》中描述："腾冲多火山，志载明成化、正德、嘉靖、万历年间（公元1465～1620年，编者注）火山爆发多次"，说明几百年前腾冲火山区有过喷发活动。腾冲火山区是我国活火山区地热显示最显著的地区，如热海地区的水温都在100℃左右，近年的水热活动似有增强趋势，发生多起水热爆炸事件。

腾冲火山具有时代年轻、活动频繁、分布密集、种类较齐全和形成地质条件特殊的特征，地下岩浆至今仍在活动，为腾冲热泉提供源源不断的热量。

山东火山

山东曾是火山活动频繁地区，尤其是中生代时期，火山活动频繁，现在能够找到的中生代古火山群落有大大小小20多个。在中生代，地球的大陆板块在不断运动，尤其在中生代中、晚期，地壳运动比较频繁，各大洲的板块漂移速度开始加快，与之相对应的是，板块之间的碰撞和移动使得地下的裂隙开始不断增多，就好像一个高压锅到处都是破洞一样，地下的压力稍微一大，就会四处喷涌出岩浆。而当时的山东地区存在形成于中元古时期的郯庐断裂带，好比恰恰处在一个高压锅的裂口上。每当地下的压力增大时，岩浆便会顺着这条郯庐断裂带向地面喷涌而出，形成一系列火山和地震。

昌乐火山

昌乐是山东省东部新生代火山岩主要分布区，地处欧亚板块东缘，郯庐断裂带西侧。复杂的地质构造和1 800万年前频繁的火山活动，形成了一个以古火山地貌为特征的地质群落。其中，在乔官-北岩一带尤为集中，是我省规模最大、保存最完整、特征最典型的古火山口群。该区域内共有大小火山200余座，以锥状火山和盾状火山为主，或数峰相连、成群出现，或孤立一处、拔地而起，总体上具有浑圆的外貌，少陡崖峭壁，少见分明的棱角。

乔山是昌乐地区的最高峰，海拔359.5 m，外形为锥状，是典型的新生代火山机构的代表（图3-28）。乔山山顶的直立状六棱柱玄武岩，直径可达20～30 cm。

团山子古火山口深20多 m，直径60多米。火山颈内充填的玄武岩栓，经过200多万年的长期风化剥蚀，被剥露出地面（图3-29）。岩栓柱状节理发育，东壁喷发纹理最清晰，红褐色的六棱柱石像被一高强磁极吸引，呈辐射状，向上收敛，向下散开，似一把倒置的折扇，形象地记录了火山喷发时的壮观景象。

图3-28　乔山火山机构

图3-29　团山子古火山颈

北岩古火山口（图3-30）位于蝎子山东坡，玄武岩柱状节理发育，构成的扇形造型优美。

北岩古火山口保存有火山两次喷发的熔岩相互交切遗迹，右面第一次斜喷喷溢的岩浆形成的扇形柱状节理，被左面第二次直喷喷溢岩浆形成的**垂直柱状节理**明显切断（图3-31），对**研究火山喷发地质过程**具有极高的**科研价值**，国内罕见。

▲ 图3-30　北岩古火山口颈

▲ 图3-31　古火山两次喷发交切面

蝎子山、黑山均发现几种不同角度、不同方位的玄武岩柱体相交汇，玄武岩柱沿节理风化剥蚀后形成整齐的横切面，六棱柱横向节理特征明显，形态多样（图3-32、图3-33）。

图3-32　蝎子山柱状节理横切面

图3-33　火山玄武岩柱（仰视）

昌乐熔岩地貌主要有熔岩垄岗和熔岩盖两种类型。荆山和方山顶发育熔岩垄岗，其中，方山顶有多层气孔玄武岩相互叠加的熔岩地貌，并且能清晰地看到两层熔岩流流动时形成的擦痕（图3-34、图3-35）。

▲ 图3-34　方山顶多层熔岩流相叠加

▲ 图3-35　荆山火山熔岩垄岗地貌

团山子火山口南侧20 m处，有完整火山颈围岩的剖面，从上至下依次为第四系、火山熔岩、火山灰、火山角砾岩、火山集块岩（图3-36、图3-37、图3-38、图3-39）。火山熔岩在火山喷发后期势头减弱，熔岩流层覆盖在火山集块岩、火山角砾岩、火山灰之上，真实再现了火山喷发时喷出物体的先后顺序。火山集块岩中包含砾岩、泥岩、砂岩等多种岩性，且所含岩块大小不一，形态各异。

◀ 图3-36　团山子喷发相和平
流相玄武岩接触面

▶ 图3-37　团山子岩浆岩剖面

◀ 图3-38　火山角砾岩

▶ 图3-39　火山集块岩

邹平火山

在邹平，有一座绵延百里的山脉，呈西北-东南走向，由大小300多个山峰组成，当地人称之为"长白山"或者是"小长白山"。这条延绵百里的山脉，其实正是一个古火山口的一部分。

早在白垩纪早期，这里曾经发生过一次剧烈的火山活动，汹涌的岩浆从火山口处喷发而出，瞬间湮灭了方圆百里内的生灵，其中，火山口的直径在33 km左右，呈椭圆形，并且形成了厚厚的火山灰堆积。但是随着后来地壳的运动，一条北西向的断裂将火山切为两部分，东北部堆积的火山口沉落于地下，而另一部分则形成了如今的山东长白山山脉。

邹平火山构造按发展阶段分为三期，由3个独立的中心式火山构造体系组成。火山口位置从早期到晚期以4 km间距逐级向NE10°方向迁移。

山东地区中生代最大的古火山口莫过于滨州邹平的破火山口。邹平破火山口位于邹平火山岩盆地中部，北半部被覆盖，南半部出露，为一个半隐伏的破火山口，这是由于火山喷发时大量物质喷出，导致岩浆房空虚，火山口塌陷而成。地表形态为圆形，直径10~12 km，分布范围约100 km^2。

邹平县西董镇印台山坐落在邹平县城的西南部，为中生代白垩纪青山群火山喷发形成的火山机构、火山口（图3-40），是离济南市最近的火山口，也

△ 图3-40 邹平火山出露的火山颈

73

是山东省白垩纪次火山岩地貌保存和出露最典型的地方。该群在邹平盆地内厚度可达5.2 km，清楚地反映了火山外围的玄武岩、火山角砾岩、凝灰岩、火山口颈附近的火山集块岩（图3-41），火山口周围的青磐岩化等现象极为壮观。

蓬莱铜井

铜井火山遗迹位于蓬莱北部海岸边，是新生代（约83.9万年）形成的火山景观。蓬莱城西铜井出现的早更新世火山岩，命名为第四纪史家沟组。该组岩性分布较广，面积约80 km²，是新生代火山岩主体岩性，主要分布于蓬莱市沿海一带的北沟镇、史家沟、刘家沟及黄城羊岚一带。以蓬莱市上魏家−五里桥剖面为例，该组共由6层熔岩组成，其间被5个红色风化壳相隔，表明共发生了6次火山喷发；从各层的厚度看，厚者达55 m，薄层仅1 m，说明了火山喷发强度的差异性（图3-42、图3-43、图3-44、图3-45）。

铜井沿海岸形成了玄武岩柱状节理，高20～30 m，远观酷似石林。在玄武岩之下有一层火山碎屑岩，厚1～3 m，在地下水等水文地质因素的影响下，沿海岸侵蚀形成了"漏天滴润"和"铜井含灵"等奇观。

▲ 图3-41 邹平火山集块岩

▲ 图3-42 蓬莱城西南有多层火山熔岩，其间被多个红色风化壳（火山碎屑岩）相隔

▲ 图3-43 蓬莱城西南的火山熔岩（下部为火山碎屑岩，上部为玄武岩）

▲ 图3-44　蓬莱铜井火山遗迹（火山颈被柱状玄武岩充填，两侧为火山碎屑岩及层状玄武岩）

▲ 图3-45　蓬莱铜井火山遗迹（火山颈两侧下部为火山碎屑岩，上部为玄武岩，下伏第四纪地层）

胶州艾山

胶州艾山位于山东省胶州市南部10 km处，包括艾山锥状火山和东石、西石穹状火山，均由青山群石前庄组火山岩组成。

在远古时期，艾山为火山，在地质构造中发生岩浆喷溢，形成东石、西石诸峰。火山停止活动后，其山口未溢出之岩浆在火山管道内冷凝结晶，又经千百年风化剥蚀而出露，形成地质学上称为"火山塞"的数座石柱状孤峰。

艾山由南、北两峰组成，南峰为主峰，海拔229.2 m，北峰海拔224 m，最早在《魏书》中便有艾山的记载。艾山锥状火山口呈椭圆形，核心被潜粗面斑岩占

据，两侧分布有角砾熔岩、凝灰岩及流纹岩等。这些岩石呈不规则同心环带状环绕艾山分布。火山机构中环状、放射状裂隙较发育，岩石有沸石化、高岭土化，局部有次生石英岩化。区内已发现3个火山口遗迹，其他的火山地貌不计其数，地质资源丰富。

东石和西石是目前我国发现的最大的单体火山熔岩遗迹，为山东省地质遗迹保护地。东石海拔137 m，异常陡峭，形如巨人，具有典型的火山海蚀地貌奇观（图3-46）；西石海拔140 m左右，登上西石，能使人体会到"山登绝顶我为峰"的感觉。东石和西石穹状火山机构分别位于艾山的东南和西南部，均为较小型的火

▲ 图3-46 西石火山机构地貌

山机构，由酸性流纹岩组成，地貌上表现为圆形的穹丘（图3-47）。如果连同早期火山喷发物分析，该类火山应属复合型火山机构类型，机构中心的穹丘实际上是充填于火山口中的熔岩钟。火山机构由中心向外依次为：球泡流纹岩、流纹质集块角砾熔岩、流纹质含角砾熔结凝灰岩等。东石、西石被誉为胶州八景之一——"石耳争奇"。

上述火山机构，在平面上呈NE向的线性排列，其总体分布受断裂控制，实际上是一种裂隙式的多中心火山喷发类型。

无棣碣石山

碣石山位于无棣县城北30 km处的碣石山镇境内。碣石山，又名无棣山、盐山、马谷山、大山，海拔63.4 m，系73万年前火山爆发喷出而形成的锥形复合火山堆，是我国最年轻的火山，也是华北平原地区唯一露头的火山，被誉为"京南第一山"（图3-48）。

◀ 图3-47　西石火山机构东侧的流纹岩穹丘

◀ 图3-48　碣石山火山口地貌（火山口被强碱性玄武岩充填，上部被火山碎屑岩覆盖）

无棣位于华北新生代沉降带埕宁隆起和济阳拗陷接触部的北端，断裂运动是区内构造运动的主要特点，断裂不仅数量多，活动强度大，且有阶段性特点。无棣碣石山属于中心式喷发形成的火山锥状地形。第四纪中更新世时，该地的玄武岩多次点式喷发，残留后的山口形成碣石山。

碣石山一带岩性为碱性玄武岩，厚50～150 m，向北玄武岩很快变薄，南部较厚。在碣石山剖面上观察，可分为四大层，第一层为致密状、粒状玄武岩，以黑灰色为主，次为紫红、褐灰色；第二层为灰绿、紫红色气孔状玄武岩；第三层为暗绿、绿灰色致密块状玄武岩；第四层为灰绿、紫红色砾状及气孔状玄武岩，由火山弹、火山豆、火山灰组成（图3-49）。该山火山岩测得K-Ar同位素年龄为73万年。

碣石山是一座天然的火山博物馆，保存着各式各样的火山地质遗迹：中心式喷发的火山机构，"红顶绿底"的玄武岩层，含有大量新鲜的橄榄岩捕房体的玄武岩，气孔状构造发育的玄武岩，保留岩浆流动时形成的绳状、火焰状构造的玄武岩（图3-50），典型的火山洞穴遗迹等。碣石山现开发有福地洞天（图3-51）、石林、石瀑（图3-52）、东海一柱等火山遗迹景点。

▲ 图3-49　碣石山火山岩（上部由火山弹、火山豆、火山灰组成，下部为火山熔岩）

图3-50　气孔状构造发育的强碱性玄武岩（保留岩浆流动时形成的绳状、火焰状构造）

图3-51　火山岩中的岩洞——福地洞天景观

△ 图3-52　碣石山火山岩遭风化剥蚀，火山灰与火山蛋呈扇形，形成坡积物，景名"石瀑"

即墨马山

即墨马山位于山东省即墨市区以西4 km处，由5个山丘组成，经长期风化剥蚀，形成了中部高、四周低的丘陵地带，面积7.74 km²。马山形如马鞍，故又称"马鞍山"，最高峰海拔211 m。

马山上的岩石多为灰绿色或灰褐色安山玢岩，具斑状结构，斑晶含量少，主要由板条状斜长石、钾长石和石英组成，岩体内部往往具有少量的气孔和晶洞，呈圆球状或椭球状，晶洞内充填有方解石、冰洲石、绿泥石和沸石等次生矿物（图3-53）。在时间上，安山玢岩的生成与白垩世大规模的火山活动同步或稍晚；在空间上主要与即墨一带的青山群火山岩-火山碎屑岩伴生；在成分上与中性火山喷出岩相似。

马山经过多年采石，挖出了次火山岩柱状节理，柱体截面直径约1 m，高30余米，节理间距一般为60~100 cm。柱体笔直挺拔，排列紧密，恰似一片密林，蔚为壮观，故名"马山石林"（图3-54）。柱状节理石林多发育于玄武岩中，一般呈六棱或五棱柱状，而马山石林发育于安山岩中，且呈四方形，在地质学中较为罕见，其规模之大、形态之特殊，为世界罕见。

◀ 图3-53　即墨马山地质
公园潜英安岩侵入莱阳群
曲格庄组砂岩

▶ 图3-54　即墨马山地质公园
（由潜英安岩组成，柱状节
理发育，形成年龄1.2亿年）

　　同时，马山岩石颜色鲜艳，色泽光亮协调，质地细腻，无裂纹，硬度高，块度大，是天然的优质建筑饰材。根据其特征，当地取名为"马山翠玉"，是一种优质的工艺美术雕刻原料，曾远销日本。

　　1994年4月国务院正式批准即墨马山保护区为国家级自然保护区，主要保护对象是浅剖面火山岩柱状节理石柱群、硅化木及古生物化石等地质自然遗迹。

Part 4 火山景观览胜

火山是力与美的完美结合，独特的火山地貌让人为大自然的巨大力量而深深震撼。

陡峭的山峰、广阔的熔岩台地、千姿百态的熔岩、秀美的火山湖，吸引着大批游客不远

万里而来。

火山机构景观

火山地貌是由火山活动塑造的各种地貌形态，也是火山活动的最终产物。火山活动产生了熔岩、火山灰、火山弹等不同状态的物质，它们有的在火山爆发后不久就堆积成一定的地貌形态，例如火山碎屑物中的粗粒物质，一般都散落在火山口的四周和邻近地区。火山地貌虽然主要是火山喷发形成的，但风、降水、海浪、潮汐等自然界的其他因素也会不断地对它们进行改造和破坏，使它们的形态复杂化。有一些原来看不到的火山活动的产物，例如火山通道、火山的成层结构等也被剥露而显现。由于火山地貌在多方面反映了火山活动的特征，在没有或很少有活火山的国家如我国，它们就自然成为研究火山活动的重要依据。

典型的火山由火山锥、火山口、火山颈和火山穿丘等构成。很多出露地表的火山机构景观成为著名的旅游景观。

火山锥

火山锥是火山喷发物在喷出口周围堆积而形成的山丘。由于喷出物的性质、多少不同和喷发方式的差异，火山锥具有多种形态和构造。以组成物质划分，有火山碎屑物构成的渣堆、熔岩构成的熔岩锥（或称熔岩丘）、碎屑物与熔岩混合构成的混合锥。以形态来分，有盾状、穿形、钟状等火山锥。圆锥状的火山锥是标准的火山锥形象。当然也有无火山锥的火山。

在日本人心目中，富士山完全对称的火山锥形状一直是完美的象征，的确，富士山在日本可称"别无他山堪与匹敌"。富士山顶一年中有10个月是积雪的（图4-1）。春天攀登白雪皑皑的顶峰，观赏山下怒放的樱花，那种感受远远超过观赏其他美景。日本诗人曾用"玉扇倒悬东海天""富士白雪映朝阳"等诗句赞美它。

黎牙实比是菲律宾阿尔拜省的首府，城市本无特别之处，但一年到头却满是来自世界各地的游客。这个连自动取款机都没有的城市，究竟如何吸引人呢？原来是因为它拥有马荣火山——世界最完美的火山锥（图4-2）。在一马平川接近海平面的平原上，傲然耸立着这么一座海拔2 416 m、底部直径20 km的活火山，除了雄伟还是雄伟，甚至可以用神奇来形容。火山锥顶端为熔岩覆盖，呈灰白色，常有白云缭绕，显得格外端庄。山的上半部几乎没有树木，下半部则长有茂密的森林，有的地方从山上一直到山脚下都可以看到火山喷发时流出的痕迹。

▲ 图4-1 春天的富士山火山锥

▲ 图4-2 世界最完美的火山锥——马荣火山

冒纳罗亚火山位于夏威夷岛，海拔4 169 m，火山体积达75 000 km³，是世界上体积最大的火山锥。在过去的200年间约喷发过35次。至今，山顶上还留有好几个锅状火山口和宽达2 700 m的大型破火山口。举世罕见的壮丽景色，吸引了来自世界各地的游客。

火山口

火山口（图4-3）是火山锥顶部喷发地下高温气体和固体物质的出口。平面呈近圆形，上大下小，常呈漏斗状或碗状，它在希腊文中的意思就是"碗"，一般位于火山锥顶端（无锥火山口则位于地面，称负火山口）。火山口的深浅不等，一般不过300 m，口部直径一般在1 km以内。

火山并非经常活动，它所能堆积的高度也是有限的。在它暂时停止活动以后，火山口还会因雨水冲刷等作用而被破坏。地下的岩浆如果冷凝，会发生收缩，使上面的岩层因下面空虚而产生裂缝，这时火山口四周将沿裂缝塌陷，扩展得越来越大。

有的火山在再一次喷发时，因为地下的岩浆停滞，在能量蓄积得很大时才以爆炸的形式冲出来，这时往往会把原来的火山锥炸掉一大块，甚至全部炸掉，仅在

▲ 图4-3 火山口

——地学知识窗——

火山奇观——老忠实泉

美国黄石国家公园的老忠实泉是世界上最著名的间歇泉。它有规律地喷发至少有200年了，始终给人以深刻的印象。它喷出的水柱可达180m左右，沸水散发出的蒸气像一团洁白的云挂在蓝天上。它每小时喷射1次，每次历时5分钟，非常准时，所以得了这么一个名字。

平地上留下一个大坑，经常就在这坑中或坑的边缘再次喷发，形成新的火山锥和火山口。位于平地上的火山口也并不全由再一次爆发造成，有些火山开始喷发不久就停止活动，没有堆成锥形的山，火山口看起来不过是平地上的坑。

夏威夷岛上的基拉韦厄火山口直径超过4 km，深130 m，在这个"大锅"的底部就是一片深十几米的岩浆湖，有时湖面上还会出现高达数米的岩浆喷泉。

有些火山口堪称是大自然的鬼斧神工之作。如位于坦桑尼亚北部东非裂谷内的恩戈罗恩戈罗火山口（图4-4），直径18 km，深达610 m，口部面积254 km²，底部面积为260 km²，像一口直上直下的巨井，是世界第二大火山口。而在这口

"井"里，还生活着狮子、长颈鹿、水牛、斑马等动物，简直像个热闹的动物园，是非洲野生动物最集中的地方之一。

我国黑龙江省有一处"地下森林"，是由7个死火山口演化来的。由于火山喷发物经风化后形成了肥沃的土壤，一些植物便在这个火山口底部里安下了家，形成了"地下森林"。

火山颈

火山颈是火山喷发停止后被岩浆冷凝物充塞的火山通道，由死火山管道中更坚固的岩石组成。它是整个火山大部分被破坏之后幸存的剥蚀残余部分，由熔岩或凝固得相当好的火山碎屑岩组成。火山颈可以高达450 m，直径通常小于1 km。大

▲ 图4-4 恩戈罗恩戈罗火山口

火山颈四周常有较小的火山颈，这些小火山颈来自于火山的寄生锥。岩墙脊可从火山颈辐射出几千米远。新墨西哥舰崖是最著名的火山颈，高约450 m，其中一个岩墙脊高出乡村房屋几十米，并向远处延伸数千米。

火山穹丘

火山穹丘是由高黏度熔岩堵塞火山口而形成的穹隆状火山锥（图4-5、图4-6）。它的顶部一般没有火山口。火山穹丘大多分布在原有的火山口内或火山侧的喷火口上。由于熔岩黏度太高，不能从火山口远流，在火山口上及其附近冷却凝固。火山穹丘会成长，这是由于从下部涌来的熔岩挤入火山丘内部，使其膨胀变

形。如果成长中的穹丘位于陡峭的山坡上，其成长有可能导致重心不稳定，最后导致山崩或火山碎屑流。由于熔岩性质不同，其形态也不一样，如钟状、馒头状等。

寄生火山

处于主火山旁侧或火山口内的小型火山称为寄生火山（图4-7）。主火山喷发后期或停止后，主火山通道已阻塞，少量岩浆上升则从火山口内或火山锥体旁侧的裂隙中喷出，形成寄生火山。如海口风炉岭火山旁侧有一对小火山，其状如眼镜而称眼镜岭，为外寄生火山；海口吉安岭寄生火山则在火山口内，称内寄生火山。

▲ 图4-5　火山穹丘

▲ 图4-6　诺瓦鲁普塔火山穹丘

图4-7　海口风炉岭火山口及其旁侧寄生火山口（眼镜岭）

火山熔岩景观

熔岩像一条火龙在大地上奔流，越过平地、爬上山冈、切断河流，在大地上形成了千姿百态、变化万千的地貌形态。熔岩流所含的物质成分不同、流速不同，形成了不同的熔岩地貌。我国的五大连池等地保存了完整的熔岩景观。

熔岩

熔岩流指一次或时间间隔不长的多次溢流超叠而成、呈"熔岩河"形式流动、长度明显大于宽度的熔岩体。若覆盖面积很大，平面上呈等轴状，则为熔岩被，通常熔岩被厚度较大。低黏度的玄武岩岩浆，在地表流动速度为每小时几米到几十千米，夏威夷熔岩流的时速高达60 km/h。

结壳状熔岩用来描述一种有光滑表面的熔岩。结壳熔岩流动过程中比较顺畅、连续，表面冷却形成塑性外壳，而内部的熔岩流又不断挤出形成新的壳体。结壳熔岩经常展现出奇形怪状的形态，被形容为熔岩雕塑。结壳熔岩黏度小、易流动，熔岩流表面气孔较少。

绳状熔岩（图4-8）属熔岩流表面构造，是结壳熔岩流表层局部受到不同程度的推挤、扭动、卷曲而成，外表与钢丝绳、麻绳、草绳等极为相似，表面粗糙，成束出现。波纹幅度小的一般称为绳状熔岩，波纹幅度大的称为波状熔岩。绳状熔岩的熔岩流厚度一般较小，仅1～5 m，熔岩流上、下部缺少碎块物质，偶尔在下部见有薄层状"碎屑层"。在上、下部一般

发育有气孔，可以形成大型气孔通道或通气孔，沿走向或边缘过渡为块状熔岩。绳状熔岩沿流动方向都呈弧形弯曲或呈链形排列，弧顶多指向熔岩流动方向。它是流动性高的玄武岩外表冷却而内部仍处于熔融状态下形成的。在夏威夷这种熔岩十分常见。

块状熔岩（图4-9）不同于绳状熔岩，其表面形态为块状。块状熔岩表面往往为多孔状或致密块状的碎块，碎块之间

图4-8 绳状熔岩

图4-9 块状熔岩

为同成分的小碎块充填，有时由熔岩本身的内能加热为次生熔岩。熔岩中部往往为整体块状。熔岩既可以是岩流下部硬壳破碎形成的碎块堆积，也可以是由于岩流前峰呈波浪流动时岩流表层剥离崩落的碎块堆积。五大连池龙门石寨的块状熔岩十分典型。

爬虫状熔岩是貌似爬虫的结壳熔岩，系由熔岩流边缘的小股熔岩流短距离流动形成的。因其流动滞缓，又有分支，在表面张力作用下其形状多具圆弧形，冷凝后即呈爬虫状。多出现在一股或一片石龙状熔岩流的边缘。

木排状熔岩貌似木排，是结壳熔岩的一种平行褶皱构造，每个褶皱条纹之间界限平直，排列齐整，延伸方向与熔岩流动方向一致，其成因乃是受到两边侧向挤压和剪切力的作用。

枕状熔岩（图4-10）是在水下环境中，熔岩流不断涌出、冷却而形成的，具体讲就是熔岩处于塑性状态时因冷却速度差异外壳部分膨胀而成的。水下环境，包括海洋水下喷发熔岩，水深度为小于500 m的浅水环境，或者陆上熔岩流入水体——滨海、内陆湖河等。例如，夏威夷火山1801年第二次熔岩流在陆上形成的是正常的绳状熔岩，当熔岩流到大陆架时形成枕状熔岩。枕状熔岩形态为枕状、球状、筏状、面包状，其底部受到下伏枕状体的影响往往为向上的凹面，而顶部往往为向上的凸面。枕状体的大小不一，一般为几米到几十米，也有几厘米乃至几毫米的微型枕状体。枕状熔岩由于表面冷却得快而构成一个由玻璃质组成的硬壳，气孔

△ 图4-10　枕状熔岩

呈与外形协调的同心状分布，在冷却的过程中可以形成球状裂隙或放射状裂隙，其胶结物为玻璃质火山碎屑物，长轴的排列方向一般平行于熔岩流的原始倾斜面。

熔岩隧道

熔岩隧道（图4-11）即地下熔岩洞，指熔岩内部狭长的洞穴。火山爆发时，汹涌炽热的熔岩流沿地表向低处流动，随着时间的推移，熔岩流的表面由于接触空气，散热较快，温度逐渐下降，开始冷凝、固结，形成坚硬的熔岩外壳；而内部的熔岩没有达到冷凝温度，仍保持熔融且长期处于流动状态，只要有新的熔岩从火山口流出并加入，它就会继续流动。岩浆源枯竭时，熔融状态的核部被排空，遗留下来的就是管状空洞，即为熔岩隧道。从熔岩隧道中可以窥见火山喷发时熔岩流的无比奇妙。

熔岩隧道的顶及壁上悬挂着钟乳状熔岩，是处于流动状态的熔岩从已凝固的顶盖或洞壁下滴而成的。有时由顶板和洞壁重熔形成的纤细熔岩钟乳常是中空的，长可达1 m多。熔岩洞穴中并不是所有的钟乳石均由熔岩构成，也可能是由硫黄和蛋白石构成的。

美国加利福尼亚东北部的熔岩层国家纪念馆和爱达荷南部的月亮火山口国家纪念馆、韩国济州岛均有熔岩隧道向游客开放。海南海口第四纪玄武岩中发育有巨型的熔岩隧道群。我国五大连池、镜泊湖也发育有熔岩隧道。

图4-11　熔岩隧道

中国分布最密集、数量最多、最壮观的火山熔岩隧道位于海南海口石山火山群国家地质公园（现为雷琼世界地质公园的一部分）。园内有30多条火山熔岩隧道，有的隧道互相贯通，但又形状各异，像蜘蛛网一样纵横交错；有的大如宫殿，雄伟壮观；有的状如巨蟒，曲折幽深；有的犬牙交错，奇形怪状。其中，旅游价值较大的是卧龙洞和仙人洞。

喷气锥和喷气碟

炽热的熔岩流使熔岩流底部地表水汽化而产生大量气体，并不断外逸而吹动熔岩外掀，每次气体喷出就伴随有一些熔浆外溢或形成熔岩饼，在喷出口层层相叠，形成叠瓦状的口垣。这样间歇喷逸多次并逐渐向上堆叠起来，形成了锥状的熔岩构造，即喷气锥（图4-12）。锥体上小下大，中有空腔，内壁有熔岩刺、熔岩钟乳，顶部开口，喷气口一般为0.8～1.5 m。喷气锥在五大连池大小相伴，成群分布，有1 500多座，数量之多，世界罕见。

喷气碟也叫喷气坑（图4-12），与喷气锥伴生，为喷气锥的雏形。喷气碟成因与喷气锥相同，若间歇性喷气与熔岩抛出的次数少（一般仅三四次，堆积熔岩三四层）则形成喷气碟。它的直径一般为0.5～2 m，底座直径为1.5～3.5 m，大者5 m，高1 m左右。在喷出口堆叠而成的形状，有的像喇叭，有的像花冠、盘子、碟子。

▲ 图4-12 喷气锥和喷气碟

喷气锥、喷气碟在西班牙、墨西哥、澳大利亚、美国均有出现。

大约在2 300年以前，墨西哥河谷南坡的奚特里火山流淌出一股很长的玄武质熔岩流，当熔岩流经湖周围泥坪时形成了许多爆发管道。大部分管道穿透熔岩整个厚度，高10 m，直径约为1 m。多呈垂直状，有一些管道上部弯向熔岩流动方向。每一管道都始自岩流底部，到达地表则形成小凹坑、有一圈高出边缘的锥状体。

澳大利亚西维多利亚省，一些玄武岩流淌到水塘和沼泽地，形成6～10 m高、直径为20 m的（熔岩）锥体群，均被放射状裂隙切割。

加利福尼亚莫哈韦沙漠安博伊火山口周围分布有许多玄武岩块形成的锥体，高1～4 m，直径为3～13 m。该处玄武岩分布在一片干盐湖的湿地上。

熔岩湖和熔岩瀑布

熔岩湖（图4-13）是由溢出的熔岩在火山口或破火山口洼地内长期保持液态而成的湖。其中，尼拉贡戈火山口熔岩湖具有典型性，尼拉贡戈火山位于刚果维龙加国家公园（靠近乌干达边境）的火山区内，海拔3 470 m，火山口最大直径2 km，深约250 m，底部有熔岩平台和熔岩湖。

熔岩瀑布（图4-14）是熔岩流在地表流动的过程中，遇到陡坎地形，像瀑布一样向下流动的过程中冷却、凝固而成的熔岩景观。例如，2014年11月14日夏威夷一座火山喷发后，三股熔岩沿着草坡流下，途经一处金属栅栏后融为一体，形成奇特的熔岩瀑布景象（图4-15），吸引人们驻足观看。

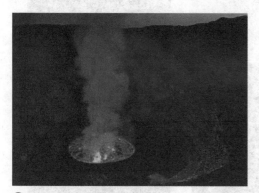

▲ 图4-13　熔岩湖

▲ 图4-14　熔岩瀑布

火山石柱林

火山喷出形成的石柱,在地质学上称为"柱状节理"。均质的岩浆在冷却过程中,由于均匀地冷却、收缩而裂开呈规则六边形、五边形的裂缝组成柱状节理。从景观意义上,一般称为火山岩石柱。规则的石柱均垂直于熔融体的冷却面,即垂直于熔岩层面或岩颈的接触面。这些石柱常见的为玄武岩,但还有流纹岩和安山岩。玄武岩的柱状节理发育,通常称为熔岩石柱,典型景观有爱尔兰巨人堤、南京六合桂子山、福建漳州牛头山、山东昌乐等地。浙江临海桃渚、宁波象山花岙岛(图4-16)、衢州、香港西贡、雁荡山福溪分布有流纹质火山岩石柱。这些石柱大部分是埋在地下,露出地面的高度不等,从刚出露地表到近百米。

北爱尔兰的巨人堤,出露部分长约1 km,宽200~300 m不等,向北延伸被

▲ 图4-15 夏威夷熔岩瀑布

▲ 图4-16 象山花岙岛石柱林

海水淹没。该区总共有石柱37 000多根，柱体一般直径30~40 cm，高1~2 m。但也有个别直径达到60 cm，高数十米（图4-17）。当地群众根据其形态起了一些名字，如希望之椅、大烟囱、巨人壶等。这些柱状石体是6 000万年前的白垩纪晚期火山爆发形成的玄武岩柱状节理。

南碇岛位于漳州滨海火山地质公园内，是2 000万年前一次强烈的火山喷发形成的火山岛。南碇岛的石柱林面积0.07 km²，最高海拔51.5 m，距香山海岸6.5 km，南碇岛外形如同一个巨大的船碇，多得数不清的玄武岩石柱耸立在海岛的岩壁上。这些玄武岩石柱的横切面多为五边形或六边形，其外接圆直

图4-17　爱尔兰巨人堤石柱林

径15~30 cm，有的甚至大于1 m，石柱高20~50 m。据估测，全岛石柱多达140万根，就好像有140万个高大的"石头巨人"站在这个小小海岛上。

火山湖景观

火山口内积水形成火山口湖，低平火山口内积水形成玛珥湖，火山熔岩流堵截山谷、河谷后储水形成堰塞湖。火山、熔岩和湖泊融为一体，相互辉映，湖光山色，美不胜收。

火山口湖

死火山锥顶上的凹陷部分因积水形成的湖泊，称火山口湖（图4-18）。火山口湖外形似圆形或马蹄形，多数火山口

△ 图4-18 火山口湖

湖面积不大、湖水较深。它们的形成是由火山喷发活动引起，火山喷发时顶部爆破，深部熔融岩浆喷涌至空中或地表，多有在空中冷却的喷发碎屑物落于火山喷发口周围，堆积成陡壁，形成火山锥，火山喷发停息，喷发喉口熔岩冷却收缩，形成周壁封闭陡峻、底平外圆的凹陷洼地或者中央深邃的漏斗状洼地。这就是典型的火山口，后经积水成湖。

大约7 700年前，玛扎马火山突然喷发，火山喷发出来的熔岩等物质散落在四周，冷却后形成了一个深约579 m的"弹坑"，久而久之，坑里积满了雨水和融化的雪水，逐渐形成了一个深湖。它是美国最深的湖，面积约54 km²。湖水呈蓝色，水温从来没有超过13℃，周围的土壤十分肥沃，长满了大量植被。

印度尼西亚的佛罗里斯岛克里穆图火山顶上，有3个水色不同的湖（图4-19、图4-20）。它们都是火山的喷出口，现在虽然没有火山爆发，但其中两个湖底下的喷气孔还在喷出火山气体，一个喷出的物质中含硫较多，使湖水呈现绿色；一个含铁多，湖水便呈红褐色；另一个没有水底喷出物，湖水是蓝色的。

我国的四大火山口湖分别为吉林省长白山的天池火山口湖、广东省湛江市西南的湖光岩火山口湖、广东省佛山市南海区西樵山的西樵山火山口湖和台湾省台北市以北的大屯火山口湖。长白山天池湖面海拔2 194 m，是中国最高的火山口湖；面积9.82 km²，是中国最大的火山口湖；

图4-19　印度尼西亚三色湖

图4-20　克里穆图火山湖
（印度尼西亚）

——地学知识窗——

神秘美丽的长白山天池

　　长白山天池位于我国吉林省长白山主峰火山锥体的顶部，是我国和朝鲜的界湖。它是一个火山口湖，同时也是中国最深的火山口湖。天池水中原本没有任何生物，但近几年出现了一种冷水鱼——虹鳟鱼。这种鱼生长缓慢，肉质鲜美，据说是朝鲜在天池放养的。另外，长白山天池还流传有"水怪"传闻。科研人员长期观察证实确实有不明生物在水中游弋，但到目前为止还不能确定是什么生物。这些疑问使得天池更加神秘。

平均深度204 m，最大水深373 m，也是中国最深的火山口湖。

有的火山口湖在形成后又发生火山的重新喷发，新的火山锥或岛屿就在湖中心出现，如美国俄勒冈州的克莱特湖（图4-21）。

玛珥湖

玛珥是低平火山口，玛珥湖为低平火山口湖。英文Maar源于拉丁文mare，即"海"的意思，是德国莱茵地区的人们对湖泊、沼泽的称呼。火山喷发时，喷出的岩浆和水汽相互作用发生爆炸，在地表形成一个深切到围岩、呈圆形或近似圆形的火山口（如果火山口被水充满，则称为玛珥湖），四周被低矮的火山碎屑环包围，形成环形壁。玛珥湖是由环形壁、火山口沉积物、火山筒和馈浆通道组成的一个完整的火山体系。因为在德国有70个这样的

火山口，其中玛珥湖有8个，所以1921年德国科学家施泰宁格把mare定义为一种火山类型。中国有3个火山国家地质公园以玛珥湖为主要景观，分别是广东湛江的湖光岩、内蒙古的阿尔山、吉林靖宇。

湖光岩（图4-22）是中国最大也是最早被研究的玛珥湖，位于广东省湛江市内。湖光岩是在距今 14万～16万年之间形成的火山口湖。有人测算，当时岩浆与水汽爆炸的能量是1945年美国投在日本长崎的原子弹爆炸释放能量的100倍。湖光岩的湖水有很强的自我净化能力。湖水中没有蚂蟥、青蛙和蛇，却有大量的鱼虾。湖水清澈明亮，呈现为浅绿色。湖的西岸有一大片奇妙的红色沙滩。湖光岩面积2.23 km²，是中国最大的玛珥湖。湖区海拔最高点在环形壁处，海拔88 m。

内蒙古阿尔山火山温泉国家地质公园内有 7个玛珥湖。每个湖都是圆圆的，

▲ 图4-21 克莱特湖

▲ 图4-22 湖光岩

有着一池很清很清的碧水。这7个湖似七颗闪亮的蓝宝石镶嵌在大地上，其中一个位于驼峰山上，叫天池。天池的面积为13.5 hm²，虽然只有长白山天池的14.6%，但在一片平坦的草原之上却更显得广阔。阿尔山所在地的海拔达到1 332.3 m，但天池的相对高度也就150 m左右。天池的水久旱不涸，久雨不溢，水平如镜，倒映着苍松翠柏、蓝天白云。地池（图4-23）则位于山下，又叫"仙女池"。两个湖是如此相同，又是如此上下呼应，真是奇观！

▲ 图4-23　阿尔山地池

火山堰塞湖

由火山熔岩流堵截而形成的湖泊又称为熔岩堰塞湖，它是火山"无心"所为的自然水库。我国有多处火山堰塞湖，在河流中形成了湖泊的风光。

我国东北的五大连池（图4-24）旧称乌得邻池，在五大连池市郊，地处纳诺尔河支流——白河上游，北距小兴安岭仅30 km，系由老黑山和火烧山两座火山喷溢的玄武岩熔岩流堵塞白河，使水流受阻，形成彼此相连的5个小湖。从下游往上游数，分别叫头池、二池、三池、四池和五池。白河就像一条彩带，把这5个美丽的湖泊串在一起。

五大连池火山群的火山活动始于侏罗纪末至白垩纪初。据史料记载，最近的一次火山喷发，始于1719年（清康熙五十八年），而清《黑龙江外记》的记载则更详："墨尔根东南，一日地中忽出

▲ 图4-24　五大连池

火，石块飞腾，声震四野，约数日火熄，其地遂呈池沼，此康熙五十八年事。"这次火山喷发堵塞了原纳漠河的支流——白河，迫其河床东移，河流受阻，形成由石龙河贯穿成念珠状的5个湖泊。

黑龙江省的镜泊湖就是由第四纪玄武岩流在吊水楼附近形成宽40 m、高12 m的天然堰塞堤，拦截了牡丹江出口，提高了水位而形成的，面积约90.3 km²（**比五大连池5个湖泊之和还要大50 km²**），是中国最大的火山堰塞湖，最深处达到62 m。

火山岛景观

火山岛是由火山喷发物堆积而成的，在环太平洋地区分布较广，著名的火山岛群有阿留申群岛、夏威夷群岛（图4-25）等。火山岛按其属性分为两种，一种是大洋火山岛，它与大陆地质构造没有联系；另一种是大陆架或大陆坡海域的火山岛，它与大陆地质构造有联系，但又与大陆岛不尽相同，属大陆岛屿

△ 图4-25　夏威夷群岛卫星图

大洋岛之间的过渡类型。

从板块运动论来说，由于板块运动，海底各板块碰撞的消亡边界和板块之间生长边界溢出熔岩流，以后逐渐向上增高，形成了海底火山。海底火山在喷发中不断向上生长，会露出海面，形成火山岛。

消亡边界火山岛：消亡边界即板块隐没带，板块俯冲带动地表物质进入上地幔，熔融后又以火山形式喷发出来，多年累积可以形成火山岛，如阿留申群岛。

生长边界火山岛：生长边界是板块撕裂的地方，地壳都很薄，而且地下岩浆又活动频繁，不少会有岩浆溢流出来，累积形成火山岛屿，如冰岛、加拉帕戈斯群岛。

热点火山岛：它是一种较为罕见的板内火山，这种火山岛的位置不处于生长边界和消亡边界，恰恰在板内。地下一根上升流从核幔边界直通岩石圈底部，在地壳造就板内火山岛，如夏威夷群岛、大溪地岛、凯尔盖朗岛。

大西洋上加那利群岛中的兰萨罗特岛风光壮丽无比，被称为"火山天堂"。这个面积只有780 km²左右的岛上，有近300个火山锥，是世界上其他任何地方都无法比拟的，火山景观无与伦比。在古希腊神话中，这个岛是主神宙斯栽种金苹果的"幸福岛"之一。

我国的火山岛较少，总数不过百十

个，主要分布在台湾岛周围，在渤海海峡、东海陆架边缘和南海陆坡阶地仅有零星分布。台湾海峡中的澎湖列岛（花屿等几个岛屿除外）是以群岛形式存在的火山岛；台湾岛东部陆坡的绿岛、兰屿、龟山岛，北部的彭佳屿、棉花屿、花瓶屿，东海的钓鱼岛等，渤海海峡的大黑山岛，西沙群岛中的高尖石岛等，则都是孤立海中的火山岛。它们都是第四纪火山喷发而成的，形成这些火山岛的火山现代都已停止喷发。

火山岛形成后，经过漫长的风化剥蚀，岛上岩石破碎并逐步土壤化，因而火山岛上可生长多种动、植物。但因成岛时间、面积大小、物质组成和自然条件的差别，火山岛的自然条件也不尽相同。

涠洲岛位于广西北部湾中，属北海市管辖，是中国最大、最年轻的火山岛，也是中国最美的海岛之一。涠洲即水围之州，意为海水包围的陆地。它由南至北长65 km，由东至西宽6 km，面积为26.6 km^2，是广西的第一大岛。涠洲岛是距今13万～1万年前间由无数次的火山爆发形成的火山岛。这里有温暖的气候、美味的香蕉、鲜活的海产、奇特的风光，被誉为"北海明珠"。

林进屿位于漳浦县佛昙镇沿海，面积0.16 km^2（只有北京故宫占地面积的1/4多），是由火山熔岩类的玄武岩组成的火山岛。岛上最著名的火山景观是火山口以及其中的喷气口群和古熔岩湖。

中国火山地质公园

作为地壳运动中最直观的地质现象，火山活动造就了大量的火山地质遗迹。火山地质公园就是以火山地质遗迹为主体，融其他自然景观和人文景观于一体的旅游胜地、科普公园。在这里，人们在欣赏大自然美景的同时，还能了解到许多的火山科普知识。

中国的火山国家地质公园都分布在两大火山带中见表4-1。

表4-1 　　　　　　　　　　中国火山地质公园分布表

序号	公园名	位置	等级
1	五大连池火山群	黑龙江省黑河市五大连池市	世界地质公园 国家重点风景名胜区
2	镜泊湖	黑龙江省牡丹江市宁安市	世界地质公园 国家重点风景名胜区
3	雁荡山	浙江省温州市乐清市	世界地质公园 国家重点风景名胜区
4	克什克腾	内蒙古自治区赤峰市克什克腾旗	世界地质公园
5	雷琼	广东雷州半岛和海南海口市	世界地质公园 国家重点风景名胜区
6	靖宇火山矿泉群	吉林省白山市靖宇县	国家地质公园
7	阿尔山火山温泉	内蒙古自治区兴安盟阿尔山市	国家地质公园
8	南京六合山	江苏省南京市六合区	国家地质公园
9	临海桃渚火山	浙江省台州市临海市	国家地质公园
10	浮山	安徽省安庆市枞阳县	国家地质公园
11	漳州滨海火山	福建省漳州市漳浦县	国家地质公园
12	西樵山	广东省佛山市南海区	国家地质公园 国家重点风景名胜区
13	腾冲地热火山	云南省腾冲县和梁河县	国家地质公园 国家重点风景名胜区
14	涠洲岛火山	广西壮族自治区北海市北部湾	国家地质公园
15	山旺	山东省潍坊市临朐县	国家地质公园
16	白水洋	福建省宁德市屏南县	世界地质公园
17	香港	香港特别行政区	世界地质公园
18	百丈漈	浙江省温州市文成县	国家重点风景名胜区
19	仙居神仙居	浙江省台州市仙居县	国家重点风景名胜区
20	方山南嵩岩	浙江省台州市温岭市	世界地质公园
21	仙都	浙江省丽水市缙云县	国家重点风景名胜区

（续表）

序号	公园名	位置	等级
22	十八重溪	福建省福州市闽侯县	国家重点风景名胜区
23	峨眉山	四川省乐山市峨眉山市	国家重点风景名胜区
24	雪窦山	浙江宁波市奉化市	国家重点风景名胜区
25	女山火山群	安徽省滁州市明光市	著名的非国家公园
26	昌乐火山口	山东省潍坊市昌乐县	著名的非国家公园
27	长白山天池	吉林省白山市长白县	著名的非国家公园
28	南京方山	江苏省南京市江宁区	著名的非国家公园
29	龙岗火山群	吉林省辉南、靖宇、抚松三县之间	著名的非国家公园
30	仙华山	浙江省金华市浦江县	著名的非国家公园
31	泽雅	浙江省温州市瓯海区	著名的非国家公园
32	新昌大佛寺	浙江省绍兴市新昌县	著名的非国家公园
33	天目山	浙江省杭州市临安市	著名的非国家公园
34	凤阳山	浙江省丽水市龙泉市	著名的非国家公园
35	南明山	浙江省丽水市莲都区	著名的非国家公园
36	大洪山琵琶湖	湖北省随州市	著名的非国家公园
37	昆仑山活火山	新疆和田地区于田县南	著名的非国家公园
38	大屯火山群	台湾省台北市阳明山公园	著名的非国家公园
39	兰屿	台湾省东南	著名的非国家公园
40	伊通火山群	吉林省四平市伊通县	著名的非国家公园
41	王借岗玄武岩石柱群	广东省佛山市	著名的非国家公园
42	大同火山群	山西省大同市	著名的非国家公园

从表中可以看出：

世界地质公园有7处，即黑龙江五大连池、黑龙江镜泊湖、浙江雁荡山、内蒙古克什克腾、广东与海南的雷琼、福建宁德白水洋和中国香港世界地质公园。雷琼是由原广东湛江湖光岩和海南石山火山群两个国家地质公园合并而成的；浙江温岭市的方山南嵩岩火山风景区已经合并到雁荡山；克什克腾公园仅部分地区为火山景观；白水洋为福建宁德世界地质公园的重要组成部分。

国家地质公园有17处（**包括世界地质公园中的7处**）。山旺公园仅部分内容为火山景观。

国家重点风景名胜区有12处。其中，四川峨眉山是由花岗岩、石灰岩、变质岩组成的，但顶部有大面积的玄武岩覆盖。这片玄武岩是距今2亿4 000万年，地质时代为古生代二叠纪时的火山喷发形成的，其海拔3 077 m的金顶就是由玄武岩组成的，后来受到冰川、流水的风化侵蚀，形成了今天的险峻的山峰。有6处

既是国家重点风景名胜区，又是国家地质公园。

台湾的大屯火山群于距今250万～50万年喷发形成。火山群包括20座火山，这些火山的高度在800～1 100 m，由安山岩构成。火山上有马槽温泉、阳明山温泉、北投温泉等，其中，马槽温泉水温达到75℃。

中国的火山国家公园一共为23处，加上著名火山风景区，一共达到42处之多。它北起黑龙江，南抵海南岛，东始福建东海岛屿之中，西止云南腾冲。这就为人们走进火山公园或风景区，创造了非常便利的条件。

Part 5 火山利弊纵横

火山灾害在主要自然灾害中被列为第六位，同时，火山也给人类创造了丰富的资源财富。没有人能够完全控制自然的力量，但我们可以充分利用自然的赐予快乐地生活。

火山灾害

火山能给人类带来巨大灾害。它对任何东西都可产生难以想象的破坏，如树木、野生动物、建筑物（图5-1）。火山熔岩经过之处，任何事物都将被彻底毁灭。近400年来全球的火山活动已夺去近27万人的生命，造成巨大的经济损失（图5-2）。火山灾害在主要自然灾害中被列为第六位。

喷发云

盛行风

喷发柱

酸雨

火山灰降落

熔岩圆顶

火山碎屑流

火山碎屑流

火山泥流

引发地震

◀ 图5-1　火山爆发危害示意图

◀ 图5-2　通古拉瓦火山喷发后火山灰覆盖的牛尸

108

———地学知识窗———

如何判断火山喷发导致灾害的轻重程度

火山喷发导致灾害的轻重程度，取决于以下方面：一是火山喷发的地点，人口稠密区的火山喷发危害就比偏远地区大得多；二是取决于火山喷发的类型，爆炸式喷发的危害比宁静式喷发要大得多；三是取决于是否对该火山进行监测与研究，事前作出相应的灾害区划图和减灾对策，所受危害就小多了。

火山喷发影响气候

虽然岩浆爆炸和倾泻对于住在火山附近的人来说是致命的，但和随后出现的气候变化所导致的死亡人数相比，就相形见绌了。火山爆发时喷出的大量火山灰和火山气体、造成的昏暗白昼和狂风暴雨甚至泥浆雨，都会困扰当地居民长达数月之久。火山灰和火山气体被喷到高空中去，就会随风散布到很远的地方。这些火山物质会遮住阳光，导致气温下降。此外，它们还会滤掉某些波长的光线，使得太阳和月亮看起来就像蒙上一层光晕，或是泛着奇异的色彩，尤其在日出和日落时能形成奇特的自然景观。综观近代几次巨大的火山爆发，均使火山喷发形成的平流层气溶胶增加，再加上其辐射效应，是造成全球气候影响的主要因素。1883年喀拉喀托火

山爆发、1903年墨西哥柯里玛火山爆发、1912年阿拉斯加卡特迈火山爆发，均使以后的全球平均气温下降0.3℃～0.6℃；1982年3～4月，墨西哥钦乔纳火山爆发，在太平洋和印度洋上空出现了火山灰形成的巨大云层，厚3 000 m，飘浮在20 km的高空。这次喷发一年后，东南亚变冷，澳大利亚、印度尼西亚连续干旱。

1991年，皮纳图博火山爆发造成了大规模的环境影响，它向平流层中喷射了2 000万 t 二氧化硫，进入平流层的二氧化硫减少了照射到地球上的阳光的10%，结果导致地球进入了两年的火山冬天。

强烈的火山爆发还会导致厄尔尼诺事件发生。如，墨西哥的钦乔纳和非洲的火山爆发，很快地减弱了赤道附近的信风，使得暖流从西太平洋向东冲击，从而产生一种称作南部厄尔尼诺的扰动现象，

在南非、印度、印度尼西亚、菲律宾和澳大利亚发生持续干旱；秘鲁、厄瓜多尔和美国西海岸暴雨成灾。

火山喷发破坏臭氧层

自1985年英国的南极考察人员首次报道了南极上空存在"臭氧溶洞"以来，大气臭氧层被破坏的问题日渐引起全世界的关注。目前，解释臭氧层被破坏的原因中有许多观点，但多数人认为是被排放到大气中的氟氯烃作用的结果。火山喷发破坏臭氧层的机制，是由于火山喷发时能释放出大量的氯化氢、氟化氢气体，会直接升入高空并被输送到平流区，通过紫外线照射，生成氯原子，并在平流层中滞留比较长的时间。据估计，火山喷发因素在破坏臭氧层的诸多因素中约占30%。世界气象专家认为，1992年南极上空臭氧空洞的形成就是1991年菲律宾皮拉图博火山喷发引起的。

火山喷发导致污染与恶化环境

火山喷发喷出大量的二氧化硫、二氧化碳、氯化物、氟化物和甲烷等火山气体，这些气体不仅能使人畜窒息和污染环境，而且由于大气臭氧的衰竭，引起进入对流层紫外线辐射的增加，使地面大气中各类污染物相互间的反应作用增强，继而加速光化学烟雾形成和环境恶化加剧。

火山气中的硫化物、氯化物、氟化物与空气中的水分反应，形成酸性水汽，具有毒性，即使含量很低，也会对人和动物的眼睛、皮肤、呼吸系统造成伤害，损害和毁坏植物，腐蚀纤维、金属、建筑物和文物古籍。酸性水汽凝结后形成酸雨，也会影响生态环境。

1980年，圣·海伦火山突然复活。这次爆发一共使57人丧生，还杀死了将近7 000头大牲畜（鹿、角鹿和熊），以及附近渔业孵化场的约1 200万条鱼。

火山喷发引起火灾

火山喷发不可避免地要引起森林火灾，甚至造成毁林的后果，其影响极为严重。譬如，非洲尼拉贡戈火山在1997年1月7日爆发时，摧毁了刚果（金）、卢旺达两国430 km²的热带雨林。

1669年，埃特纳火山猛烈爆发，持续了4个月之久，滚滚熔岩冲入附近的卡塔尼亚市，使整个城市成为一片火海，两万人因此而丧生。

1985年，鲁伊斯火山"死灰复燃"，喷发出的熔岩弹就像倾盆大雨，掉到哪里就烧到哪里，毁掉了几万公顷的庄

——地学知识窗——

火山灰对飞机的危害

火山灰由非常细小的岩石颗粒构成，几乎全是石英、矿物和玻璃，都有锋利的边角，有一些甚至像工具钢般坚硬，所以火山灰的摩擦性极强。更可怕的是，火山灰被加热至600℃时就会熔化，会对飞机发动机造成巨大的危害，飞行员很难分辨火山灰云团和气象云团。1982年6月24日，英国航空009号班机（波音747-200）在飞行时碰见了火山灰，四台发动机在短时间内先后熄火，迫降后依然有一台发动机未能启动。可想而知，火山灰对飞机的影响有多大！

稿。熔岩浆所到之处玉石俱焚，一切生灵均遭涂炭（图5-3）。火山喷发还破坏了大面积的咖啡园，正在成熟期的咖啡豆化为灰烬。鲁伊斯火山给哥伦比亚经济造成的总体损失高达数十亿美元。

火山喷发引起海啸

有些海岛上的火山在发生爆裂式喷发时具有巨大的爆炸力，其威力可能是一颗原子弹的几倍甚至几千倍，常常引发海啸。

阿特兰蒂斯（Atlantis）世称"失落的文明"。多少年来，无数书籍和文章对这块带着全体多才多艺的优秀居民突然消失于海底的陆地作了神话般的描述和猜测。公元前1500多年的圣多里尼火山爆

▲ 图5-3 火山岩浆烧毁房屋

发，使得西拉岛及其岛上高度发达的迈诺斯文明毁于一旦。许多学者推测，正是这次火山爆发引起的海啸使阿特兰蒂斯成为千古之谜。柏拉图在《克里特阿斯》和《泰米亚斯》中描绘了阿特兰蒂斯景象。《泰米亚斯》一书中写道："这里发生了猛烈的地震和洪水，在不幸的一天一夜中，全体人一下子陷入地底，阿特兰蒂斯岛也以同样的方式消失于大海深处……"

1883年，喀拉喀托火山喷发，巨大的爆炸声远在3 500 km外的澳大利亚都可以听到，火山灰喷到80 km的高空。喀拉喀托火山附近并无人居住，在爆发时当场死亡的人极少。但是，火山的倒塌激起一连串的海啸或地震潮波，远至南美洲和夏威夷都发生了海啸。在火山最猛烈的喷发之后，最大的波浪高达37 m，造成爪哇和苏门答腊沿岸附近几座城市约3.6万人丧生。

火山喷发引发泥石流

火山泥流，英文名是Lahar，原为印度尼西亚语，指的是在火山斜坡上生成的泥流和岩石碎块流。火山泥流发生的条件有两点：碎屑和水。碎屑一般来源于火山锥上松散的火山灰、火山浮岩、火山碎屑、火山砾、火山块、火山弹及破碎的熔岩等。另外，火山喷发或地震引起的山崩也可成为碎屑的来源。引发火山泥流的水可以来自火山喷发导致的火山口湖的崩溃或高山冰雪融化。强烈的降雨也可导致火山泥流的发生。火山泥流密度大、黏度高，具有很高的能量和搬运能力。当火山泥流沿山谷高速下冲时可达到85 km/h。火山泥流能影响到上百千米的下游，破坏力很强，桥梁、建筑物可被火山泥流破坏并搬运到很远的地方。人类和其他生命可能被埋葬或被漂砾击中，也有可能被高温的岩石碎块烧伤。

火山泥流是主要的火山杀手之一。1943年2月墨西哥帕利科那火山爆发，喷出的火山灰将附近山坡覆盖了六七十厘米厚。当飓风、暴雨席卷墨西哥时，形成了泥石流，瞬间埋葬了山下3个村庄和数十名村民，超过600 km²农田被毁。1985年11月13日，哥伦比亚的鲁伊斯火山突然爆发，在几个小时后火山泥流毁灭了距鲁伊斯火山几十千米远的阿尔梅罗城，致使超过23 000人丧生。

火山喷发引起地震

火山喷发与地震可以说就是一对孪生兄弟，有火山的地方就容易发生地震。一般来说，火山喷发总是会引起等级不同的地震，给人类带来雪上加霜的灾难。2008年5月2日凌晨，已经有9 000年没有爆发的智利柴滕火山突然复活并开始喷发。引起了地震，由此产生的火山灰殃及邻国阿根廷，造成埃斯克尔市等多个阿根廷城镇处于火山灰的笼罩下。

类似的案例古今中外有很多，如400年前我国云南的腾冲火山喷发，此次喷发前后我国发生了好几次8级以上的大地震。

火山喷发引发洪水

1985年11月13日，位于5 000 m高原的哥伦比亚路易斯火山爆发，将上千年来的积雪瞬间融化，山洪飞泻，洪水波及3万多 km²，使2.5万人丧生，13万人无家可归，15万牲畜死亡，200多 km²的农田、果园被毁，直接经济损失超过50亿美元。

火山喷发引起电子干扰

地球上的火山在爆发时，会辐射出大量的强电粒子流（图5-4）。这种带电粒子束会影响火山周围电子设备的正常工作以及会造成电子钟表的计时误差。上述现象，主要是由于火山在爆发过程中地壳运动所形成的带电粒子飘逸造成的。这些飘逸出的带电粒子会对电子设备构成磁脉冲干扰，最关键的是脉冲磁场在电子设备中可形成较强的感应电荷聚集累加，导致电子电路产生非正常状态下的运行错误。

在每次火山喷发中，可以是一种致灾因素，也可以是由几种因素的综合作用造成火山灾害。全球有喷发记载的火山553座，共记录了5 231次喷发。据统计，爆发式喷发3 595次，占喷发总数的68.7%；喷溢熔岩流的1 228次，占23.4%；发生有火山泥流的235次，占4.5%；发生火山碎屑流的188次，占3.5%；产生熔岩穹丘的167次，占3.1%。

▲ 图5-4 火山爆发时辐射的强电粒子流

——地学知识窗——

火山的监测状况

近1万年来至少有过一次喷发的活火山有1 300余座，在这些火山中只有大约150座火山被不同程度地监测，所以，人类根本就无法预报那些未被监测的火山。在全球55个火山观测站中，采用火山地震学方法的有92%，采用地形变测量方法的有71%，采用火山气体地球化学观测方法的有55%。有些观测站还设有地热和地温场观测、重力及地磁监测装置。近年来，有些火山观测站还利用卫星红外技术来观测火山。

火山资源

我们说了这么多火山喷发的危害，难道火山喷发对我们真的是有百害而无一利吗？不，虽然火山位列十大自然灾害，会给人类和自然界带来巨大灾难，但并非一无是处。火山给人类创造的资源非常丰富，浑身都是宝。火山地区有可观的地热资源、独特的自然景观、丰富的矿藏和肥沃的土壤，也可成为旅游资源。

火山地热

有火山的地方一般就有地热资源。地热的来源是岩浆，它是一种廉价而没有污染的新能源，可以长时间稳定地供应热量，在医疗、旅游、农用温室、水产养殖、民用采暖、工业加工、发电等方面，都可见到地热能的应用。相比一般的地热资源而言，火山区的地热能分布更为集中，开采成本更加低廉（图5-5）。人们曾对卡迈特火山区进行过地热能的计算，那里有成千上万个天然蒸气和热水喷口，平均每秒喷出的热水和蒸气达2万 m^3，一年内从地球内部带出的能量相当于6亿 t标

▲ 图5-5 美国黄石公园喷泉

准煤安全燃烧释放的能量。

一些多火山的国家已经开始开发地热。位于阿拉斯加州阿留申火山岩浆弧地带的斯普尔火山，是美国第一座被获准开采的火山。海拔高度为1 300 m的奥古斯丁成层火山，位于美国阿拉斯加州南部安克雷奇市附近，也被列在勘探计划当中。据说，美国境内的火山和温泉蕴含的能量到2018年可以满足美国能源需求的25%。

新西兰境内的众多火山使新西兰成为世界地热资源最丰富的国家之一，新西兰是世界上第二个用地热发电的国家。

冰岛地处火山活动频繁地带，可开发的地热能为450亿 kW·h，地热能年发电量可达72亿 kW·h，那里的人民很好地利用了这一资源，虽然目前开发的仅占其中的7%，但已经给当地人民带来了很多效益。冰岛首都雷克雅未克地区就有地热井50余眼，该地区早在1928年便开始修建地热供热系统，现有自动化热力站10

个，供热管道400多km，地热供热普及率100%。地热资源干净卫生，大大减少了石油等能源消耗。自1978年后，冰岛空气质量大为改善。冰岛人还善于提高地热资源的使用效率，包括进行温室蔬菜花草种植、建立全天候室外游泳馆、在人行道和停车场下铺设热水管道以加快冬雪融化等。

印尼是全球活火山最多的国家，地热资源也为世界之最，约占全球地热总量的40%。据统计，印尼地热资源能够提供大约2.8万 MW的发电量，相当于120亿桶石油。尽管拥有巨大的地热资源，但印尼目前只开发了分布在爪哇、北苏门答腊和北苏拉威西的7个地热田，总量不到1 200 MW。为达到2020年温室气体排放量减少26%的目标，印尼政府正在大力推广地热资源的开发和利用，计划在2025年将地热发电量提升到9 500 MW，占国家电力总量的5%。

1970年，菲律宾政府把马利瑙火山脚下附近的176 km²土地划为地热保护区，并于1972年正式打了第一口生产用井。

现在，全世界有十几个国家都在利用地热发电。我国20世纪60年代开始对青藏高原地热资源进行开发与研究，在西藏羊八井建立了全国最大的地热试验基地（图5-6），是当今世界唯一利用中温浅层热储资源进行工业性发电的电厂，已取得良好的成绩。

▲ 图5-6　羊八井地热电站

火山旅游

通常我们将火山旅游资源定义为：通过发现、发掘、发挥、改善和提高等技术过程能够成为旅游吸引物并可转变成旅游产品的各种火山资源和火山文化。火山资源是指与火山作用有关的资源。火山作用是指火山活动及其对自然界产生的影响的总称。例如，引起地震，产生火山喷发，改变地球面貌和生态环境，形成熔岩高原、火山锥、火山口、火山地堑、火山构造凹地、熔岩隧洞等地表形态；喷出碳酸气、火山灰和其他气体，改变大气成分及影响大气活动；分离出火山水，增加地球水圈质量；使地下水温升高，造成温泉、矿泉、间歇泉；促进地球内部元素迁移，形成矿藏，等等。火山文化，是指人类利用火山资源所创造的物质和精神财富以及行为方式的总和。具体分类见表5-1。

表5-1　　　　　　　　　　　　火山旅游资源分类表

火山旅游资源	火山地质地貌	火山岩（玄武岩、安山岩、流纹岩等） 地质剖面（地层、火山机构剖面等） 节理构造（柱状节理、横节理等） 火山弹、火山砾、火山灰、火山渣、浮岩 火山玻璃（黑耀岩、松质岩） 火山锥（熔岩锥、碎屑锥、混合锥、多重火山锥、玛珥、坍塌破火山口等）和火山穹窿 火山颈 火山口 熔岩高原 熔岩台地 各种熔岩流（绳状、壳状、叠瓦状、枕状、熔岩被等） 熔岩隧洞 熔岩海岸 火山喷发灾害遗迹、遗址（火山泥石流、火山滑坡、人文灾害遗址、碳化森林、硅化木林等）

（续表）

火山旅游资源	火山矿产与能源	黄金、银、硫黄等金属、非金属矿产 火成岩（玄武岩、安山岩、流纹岩等） 火山灰、凝灰岩、火山岩风土 火山温泉水、矿泉水 火山区深部高温热水、热气
	火山区水体景观	火山泉（温泉、矿泉、间歇泉） 火山口湖 熔岩堰塞湖 玄武岩河床瀑布
	火山区生物群落	火山区动物 火山区植被
	火山喷发	各种类型火山喷发（熔岩喷发、火山灰爆发等）
火山文化	火山物质文化	火山居民 火山石器（石制生产、生活、祭祀等用具） 火山区历史文物 火山监测预防系统 火山工艺品
火山文化	火山精神文化	火山区宗教信仰 火山区文学艺术（民间传说、民间文学等） 火山科普文化
	火山行为文化	火山特色餐饮 火山区民间节日 火山区生活习俗

火山地质旅游资源除玄武岩柱状节理和凝灰岩层理等地质剖面规模较大、可以独立用于观光旅游开发外，其他火山地质旅游资源则主要是以火山地貌的组成要素用于旅游观赏，如火山弹、浮石、火山泪、火山毛等，或用作火山博物馆内的实物展品。火山柱状节理，是由火山喷发出的熔岩在冷却后收缩所形成的、横截面以六边形为主的多边形玄武岩石柱群，以北爱尔兰的巨人堤、苏格兰西海岸外的斯塔法岛最为著名，已被开发成著名的旅游观光区。凝灰岩层理剖面是由射汽岩浆喷发

117

所形成的低平火山（也称"玛珥"）的火口垣纵截面，即涌浪堆积层理剖面。这种类似于沉积岩水平层理的火山地质景观十分少见，具有很高的旅游开发价值。火山地貌则以日本的富士山、美国怀俄明州的魔鬼塔（火山颈）和夏威夷火山国家公园，以及西班牙的兰萨若特火山岛最为著名。西班牙兰萨若特岛上开发的熔岩隧洞堪称世界上规模最大、最长和景观最丰富的火山熔岩隧洞之一。洞内熔岩景观在各种灯光照射下绮丽而壮观，堪与我国广西等地的岩溶洞穴景观媲美，特别是弱灯光下的池中倒影，神奇无比。在熔岩隧洞内还建有演艺厅，不时举办洞中音乐会，别有情趣。火山喷发灾害遗迹、遗址地貌以意大利维苏威火山区的庞贝古城最为著名。

火山喷发作为最壮观、最神奇的动态自然景观之一，正日益显出其巨大的吸引力，并成为一种特殊的旅游资源。美国夏威夷火山、菲律宾的马荣火山以及意大利的埃特纳火山喷发吸引了成千上万的游客观看。美国拉斯维加斯某宾馆前的模拟火山喷发景观每日晚上定时演示，已成为当地的标志性景点之一。我国深圳世界之窗公园也建造了火山模拟景观，并成为该公园内的知名观赏景点。

火山文化是火山地区最具特色的旅游吸引物。美国的夏威夷、西班牙兰萨若特岛等火山地区利用火山区地热烘烤食物，极具表演和观赏性。夏威夷人的草裙舞表演也享有盛名。韩国济州岛的"石头爷爷"寓意深刻，颇受游客青睐。此外，以火山科普为主题的火山博物馆也日益成为火山旅游的热点。

火山矿藏

火山岩中蕴含着丰富矿藏。经研究发现，火山岩是储存石油和天然气的非常有利的地质体。国内外油气勘探开发程度不断加强后，美国、日本、古巴、印度尼西亚、墨西哥、阿根廷、俄罗斯、乌克兰、加纳及巴基斯坦等国均有发现数量可观的火山岩油气藏，我国也相继在准噶尔、塔里木、松辽、冀中、济阳、苏北等盆地发现了火山岩油气藏。

火山矿床类型多，分布广泛，矿产丰富，如铁、铜、金、银、铅、锌、锰、钼、镍、铀、锂、锡、钨、铍、稀土等金属矿产，还有金刚石、明矾石、沸石、硼、叶蜡石、石膏、重晶石、高岭土等非金属矿产。澳大利亚西部发育多个储量超过50亿t的世界级铁矿，这些铁矿以条带状硅铁建造为特征，形成于新太古代末至古元古代（2 500～2 300 Ma），这些硅铁建造是典型的海底热液喷气成因；智利全部国土均位于南美板块边缘的海沟-褶皱山带上，受地壳运动与岩浆侵入影响，已探明的铜、锂、银等资源量均名列世界第一，金、铁、铅、锌、铋、钼、铼、铂等资源量也在全世界名列前茅。金刚石矿床产于富钙偏碱性的超基性次火山岩中；火山岩浆熔离铜-镍矿床多产于超铁镁质火山岩中，如科马提岩系中的铜-镍矿床；有色金属、稀有金属、金-银、金、萤石等脉状矿床常产于陆相流纹岩中；铁矿常与富碱（钠）和镁的基性岩、偏碱性的中性火山岩有关，钛铁矿是火成侵入岩体的主要氧化物之一，如西伯利亚与暗色岩有关的铁矿床、我国宁芜地区玢岩铁矿等；斑岩铜钼多金属矿床与含钾较高的中、酸性陆相超浅成、浅成火山-侵入岩有关；块状硫化物矿床多产于富钠质的基性、酸性的海相火山岩中；海相火山-沉积铁-锰矿床常与含铁硅质-碧玉岩有关。很多火山在喷发后期都会喷出含硫的气体，这些含硫的气体在冷凝过程中形成结晶的硫黄矿（图5-7）。我国攀枝花铁钛钒矿床、镜铁山铁矿床、宁芜式铁矿床、台湾省基隆附近的金瓜石超大型金矿床都是因为火山喷发而形成的矿产资源。另外，像氯化氢、氟化氢等气体都很有价值，它们也是火山资源中的一部分。

建筑材料

在火山喷出的物质中，最常见的还是玄武岩。玄武岩是分布最广的一种火山岩，同时又是良好的建筑材料。熔炼后的

△ 图5-7 印度尼西亚东爪哇伊真火山火山口的熔硫

玄武岩称为"铸石"，近年来人们将玄武岩熔化，浇铸成管子、绝缘体、各种器皿等。铸石最大的特点是坚硬耐磨、耐酸、耐碱、不导电和保温。如今，澳大利亚、新西兰等国都以玄武岩作为街道、房屋等的建筑材料。还有些别的熔岩凝结成的岩石也可以拿来熔化浇铸。韩国济州岛和西班牙兰萨若特岛上就有火山石建民居和石雕艺术，极具地方人文特色。

火山渣（图5-8）是火山喷发形成的矿渣状多孔的岩石，由孔隙、火山玻璃和矿物组成。火山渣富含镁、铁，而含有较少的硅，通常为黑色、深灰色、红色和棕色。火山渣非常坚硬，且多孔，是铺设路面的极好材料。

火山的另一种喷出物浮石（图5-9），在建筑工程中也很有用。浮石是由火山玻璃、矿物和气泡组成的一种轻的、多气泡的、类似海绵状的火山岩，浮岩中的气泡占岩石总体积的70%以上。由于气泡间只有极薄的火山玻璃和矿物，可以浮于水面之上。用浮石制造的水泥混凝土体轻、隔音、隔热、抗水性强。此外，浮石还是重要的研磨材料。

火山灰是天然的水泥。古罗马人能够修建雄伟的建筑，就与使用火山灰作为胶合材料有关。至今，人们还用火山灰来做水泥。掺有火山灰的水泥，成本较低，比普通水泥轻、抗水性强，适于在大规模水泥工程中使用，缺点是抗冻性较差，受温度的影响大，不适于冬季施工。

火山氢气

氢是一种极为优越的新能源，燃烧热值高，燃烧产物是水，是世界上最干净的能源。因为氢是一种二次能源，不像

图5-8　火山渣

图5-9　浮石

——地学知识窗——

济州岛的保护神——火山石雕刻

在济州岛,人们常常可以见到一尊尊黑灰色的石头雕像,这就是济州岛的保护神——多尔哈鲁邦,它们就是由火山石雕刻而成的。济州岛有许多以多孔火山岩雕刻而成的大大小小的雕像,这些雕像不仅是旅游工艺品,同时也成了济州岛的象征。

煤、石油和天然气等可以直接从地下开采。它的制取需要消耗大量的能量,而且目前制氢效率很低。寻求廉价的大规模制氢技术是各国科学家共同关心的问题。而火山是氢气的产地之一,可以为制备氢气提供巨大来源。

有关数据显示,一次火山喷发能带来40亿～60亿 m^3 以氢气为主的气体。要想通过火山在氢气燃烧之前将其拦截,技术上需要在定期活动的火山脚下开凿斜井接通地球内的天然输气管,拦截尚未氧化的地幔气体,防止它在喷发的火山口燃烧。但这在技术上仍有难度,因为深层的地下气体高温、高压且具有腐蚀性。

冰岛计划在2015～2020年间研制生产用氢气作为动力的汽车和船只,用地热中提炼的氢气来驱动,产生的纯净水还能直接饮用。

地下的确蕴藏着大量氢气,成功地与地球内的天然气管连接,将是人类在能源领域的空前突破,白白燃烧掉的火山氢气应当成为未来大量清洁能源的主体。

天然肥料

火山喷发出的火山灰还可以为生物带来新的生机,火山所在地往往是人烟稠密的地区。原来,火山喷发出来的火山灰是很好的天然肥料,如古巴、哥伦比亚、印度尼西亚盛产甘蔗和咖啡,法国中部盛产葡萄,韩国济州岛和意大利维苏威盛产柑橘,日本火山地区盛产桑葚,中美洲的水果很多,都与肥沃的火山土壤有关。

火山,简直就是一个天然的宝藏,可惜现在还没有充分利用起来,白白让一些资源耗掉。我们要防止火山的危害,充分利用火山的资源,使火山为人类服务。

参考文献

[1]李玉锁. 火山喷发机制与预报[M]. 北京: 地震出版社, 1998.

[2]吴胜明. 中国最美的地质公园[M]. 北京: 北京大学出版社, 2011.

[3]王经胜. 地球百科: 火山[M]. 北京: 北京联合出版公司, 2013.

[4]闫翠玲, 李俊德, 闫际兴, 等. 山东山旺火山群[J]. 山东国土资源, 2005, 8.

[5]《地球科学大辞典》编委会. 地球科学大辞典[M]. 北京: 地质出版社, 2005.

[6]孔庆友, 张天祯, 于学峰, 等. 山东矿床[M]. 济南: 山东科学技术出版社, 2005.

[7]林静. 地球的怒火: 火山[M]. 北京: 中国社会出版社, 2012.

[8]陈安泽. 旅游地学大辞典[M]. 北京: 北京科学出版社, 2013.

[9]美国不列颠百科全书公司. 火山和地震[M]. 北京: 中国农业出版社, 2012.

[10]陶奎元. 火山与火山岩景观[M]. 南京: 江苏科学技术出版社, 2014.

[11]孔庆友. 地矿知识大系[M]. 济南: 山东科学技术出版社, 2014.

[12]卢良兆, 许文良. 岩石学[M]. 北京: 地质出版社, 2011.

[13]袁见齐, 矿床学[M]. 北京: 地质出版社, 1985.

[14]陶奎元. 火山(火山岩)旅游资源论评[J]. 火山地质与矿产, 1999(02).

[15]李霓. 云南腾冲大六冲火山机构的发现及意义[J]. 岩石学报, 2014(12).

[16]王薇华, 胡久常. 火山旅游资源及其开发利用研究[J]. 资源与产业, 2006(06).

[17]王世进, 万渝生, 张增奇, 等. 山东国家级地质公园主要地质遗迹及形成演化[J]. 山东国土资源, 2014, 02.

[18]山东省地质环境监测总站. 山东昌乐火山国家地质公园综合考察报告[R].

[19]山东省地质环境监测总站. 山东省重要地质遗迹调查报告[R].